電気化学測定マニュアル
基礎編

電気化学会 編

丸善出版

まえがき

　自然科学の新しい地平はふつう実験によって拓かれる．たとえば200年ほど前ボルタが生物電気に不思議を感じて実験しなかったら，電池の誕生もアルカリ金属の単離も，いろいろな電気現象の解明もだいぶ遅れただろう．

　電子のやりとりを軸に自然現象を探る電気化学は，反応のしくみを原子・分子レベルで解明するという学術面のほか，微量分析・センシングや物質合成，電池に代表されるエネルギー変換，金属の表面処理・防食といった実用（工学）面でも大活躍している．新しい科学知識を手に入れ，新しいデバイス類を産み出すうえでは実験が欠かせない．また，できるだけ質のよいデータが出る実験をしたい．電気化学の"実験"はたいてい，物理量どうしの関係をつかむための"測定"になる．

　あいにく電気化学には，高校化学で本質にからむ実験をほとんどしないという特殊事情がある．肝心な"固・液界面の姿"も"電位"も何ひとつ教えない．そのせいで少なくとも編者のひとりは，研究実験に入ってからもしばらくは自分が何をしているのかよくわからなかった．かゆいところに手が届く実験書があれば，そういう無駄な苦労をしなくてすむ．論文に書かれた実験結果の意味を知るにも，わかりやすい指南書がほしい．

　本書『電気化学測定マニュアル』はこのような趣旨で企画し，"基礎編（1・2章）""実践編（3・4章）"の2分冊とした．空手でいうなら，基本の型をいくつか覚えて試合もなんとかできる三級（茶帯）あたりまでが基礎編，初段（黒帯）以降が実践編になろうか．

　1章は電気化学測定のイメージづくりにあて，基本的な考え方と道具だてのあらましを述べた（紙幅の都合で踏み込めなかった基礎理論については巻末の参考書にゆずる）．2章には，(社)電気化学会の会誌 *Electrochemistry* に連載された10種ほどの基本的な測定法を実習形式で紹介し，初心

者が勘違いしたり迷ったりしがちなポイントは適宜"Q＆A"形式で解説してある．それぞれの機器や道具・試薬をそろえ，手を動かしながら読み進めば，まずセミプロ級の体力・知力がつくだろう．

実践編の3章では，電気化学の研究現場で出合う"すすんだ測定法"13種を紹介する．近年，こうした測定法を駆使することにより，おもに固・液界面で進む化学現象のミクロな姿がどんどん明らかになってきた．最後の4章には，実用的なエネルギー変換デバイスやセンサの評価，めっき・防食・電解合成などに関係する測定法をまとめ，分野ごとの研究の進めかたを例示してある．基礎編2章と同様，各トピックには可能なかぎり具体例を盛り込んだ．

電気化学の測定法がこれほどバラエティーに富み，多様な情報をもたらすという事実に驚く読者も多かろう．とはいえ，その源流はさほど多くもないため，さまざまな測定法どうしには共通点も多い．重複はなるべく減らすよう編集段階で注意したつもりだが，かぎられた時間のなか大勢の研究者が執筆したこともあって，整理が十分にはできていないかもしれない．ただ，自分の実験に必要な箇所だけ参照していただけばよい本だから，重複が多少あってもあまり目障りにはならないだろう．

研究上の助っ人として，またあわよくば画期的な現象・デバイスを見つけるうえで，これから電気化学の実験を始める人にも，隣接分野の技法を身につけたい電気化学研究者にも，本書が役立つことを願っている．かゆいところに手が届いたかどうかは，読者のご批判にまつしかないが．

 2002年1月

『電気化学測定マニュアル』編集委員会

編集委員会

　井手本　　康　　東京理科大学理工学部
　金村　　聖志　　東京都立大学大学院工学研究科
　北村　　房男　　東京工業大学大学院総合理工学研究科
　佐藤　　生男　　神奈川工科大学工学部応用化学科
　瀬川　　浩司　　東京大学大学院総合文化研究科
＊立間　　　徹　　東京大学生産技術研究所
　西方　　　篤　　東京工業大学大学院理工学研究科
　門間　　聰之　　早稲田大学材料技術研究所
＊渡辺　　　正　　東京大学生産技術研究所
　渡辺　　正義　　横浜国立大学大学院工学研究院

（五十音順）
（＊は編集幹事）

目　　次

第1章　電気化学測定の基礎 …………………………… 1

1.1　電気化学へのいざないⅠ　『電気分解』　3
1.1.1　"電気分解"というもの　3
1.1.2　まとめ　6

1.2　電気化学へのいざないⅡ
　　　『身のまわりの電気化学反応』　7
1.2.1　電池で起こる反応　7
1.2.2　腐食で起こる反応　10
1.2.3　めっきで起こっている電極反応　11
1.2.4　まとめ　11
　　　コラム　アノードとカソード？　貴？卑？　8
　　　コラム　アルミニウムの酸化でミクロの蜂の巣が　12

1.3　理科の実験から『電気化学』へ　13
1.3.1　標準電極電位　13
1.3.2　電極電位と電気化学反応　13
1.3.3　過電圧　14
1.3.4　三電極系の測定　14
1.3.5　電解質　16
1.3.6　まとめ　16

1.4　三種の神器『ポテンショスタット・ガルバノスタット』　17
1.4.1　ポテンショスタットとは？　17
1.4.2　ポテンショスタットのスイッチ・端子類　18
1.4.3　ガルバノスタットの動作　19
1.4.4　使用上の注意　19
　　　コラム　ポテンショスタットの選び方　20

1.5 三種の神器『作用電極・基準電極・補助電極』 21
　　1.5.1 作用電極の機能 21
　　1.5.2 作用電極を選ぶ基準 22
　　1.5.3 代表的な作用電極 23
　　1.5.4 作用電極の前処理 23
　　1.5.5 作用電極をつくる 25
　　1.5.6 基準電極に求められる性質とは 26
　　1.5.7 代表的な基準電極 27
　　1.5.8 補助電極 30
　　　　　コラム 非水溶液系で使う基準電極 29
1.6 三種の神器『セルと試薬』 32
　　1.6.1 電解セルの構成 32
　　1.6.2 塩橋とルギン細管 33
　　1.6.3 試薬 34
1.7 さあ実験だ！ 37
　　1.7.1 電極と溶液の準備 37
　　1.7.2 装置などの準備 38
　　1.7.3 自然電位の測定 39
　　1.7.4 サイクリックボルタンメトリー 40
　　1.7.5 ファラデー電流 42
　　1.7.6 バックグラウンドの測定 43
　　1.7.7 非ファラデー電流 43
　　1.7.8 実験終了 44
1.8 電気化学の実験と研究のポイント A to Z 45
　　1.8.1 基礎編『よくある落とし穴』 45
　　1.8.2 応用編『研究者への道』 49

第2章　基礎的な測定法 ……………………………………53

2.1 はじめに 55
2.2 電極電位の測定 57
　　2.2.1 実験方法 57
　　2.2.2 実験結果 59

2.2.3　Q&A　　　59
　2.3　定常分極曲線の測定　　63
　　　2.3.1　実験方法　　　63
　　　2.3.2　実験結果　　　65
　　　2.3.3　Q&A　　　66
　2.4　サイクリックボルタンメトリー　　74
　　　2.4.1　物質移動と電荷移動反応　　75
　　　2.4.2　化学反応を伴う場合　　84
　　　2.4.3　反応物の吸着がある場合　　88
　　　2.4.4　電極そのものが反応する場合　　91
　　　2.4.5　拡散形態とボルタモグラムの形　　92
　　　2.4.6　おわりに　　94
　　　　　　コラム　ポーラログラフィー　　92
　2.5　交流インピーダンス法　　95
　　　2.5.1　実験方法　　　95
　　　2.5.2　実験結果　　　98
　　　2.5.3　Q&A　　　99
　2.6　クロノアンペロメトリー　　102
　　　2.6.1　測定原理　　　103
　　　2.6.2　実験と結果の解析　　106
　　　2.6.3　Q&A　　　108
　2.7　クーロメトリー　　110
　　　2.7.1　実験方法　　　111
　　　2.7.2　実験結果　　　112
　　　2.7.3　Q&A　　　114
　2.8　クロノポテンショメトリー　　115
　　　2.8.1　実験方法　　　115
　　　2.8.2　実験結果と解析　　116
　　　2.8.3　Q&A　　　118
　2.9　パルスボルタンメトリー　　121
　　　2.9.1　実験方法　　　121
　　　2.9.2　実験結果　　　123
　　　2.9.3　Q&A　　　125

2.10 対流ボルタンメトリー――回転電極法　127
　　2.10.1 回転ディスク電極（RDE）　127
　　2.10.2 実験方法　128
　　2.10.3 実験結果　131
　　2.10.4 Q & A　131
　　　　　コラム　回転リングディスク電極（RRDE）　133
2.11 対流ボルタンメトリー――チャネルフロー電極法　135
　　2.11.1 CFDEの設計条件と実験方法　135
　　2.11.2 実験結果　138
　　2.11.3 Q & A　140
参考書　143
付録1　単位と物理定数　144
付録2　標準電極電位$E°$（V $vs.$ SHE）　145
索　引　147

実践編目次

第3章　すすんだ測定法
　3.1　有機溶液を用いる測定
　3.2　溶融塩を用いる測定
　3.3　電解液の評価
　3.4　高分子固体電解質の評価
　3.5　無機固体電解質の評価
　3.6　微小電極による測定
　3.7　ゼータ電位の測定
　3.8　水晶振動子マイクロバランス法
　3.9　STM，AFMによる観察法
　3.10　紫外可視分光法
　3.11　赤外・ラマン分光法
　3.12　半導体電極の評価
　3.13　化学修飾電極の作製

第4章　測定法の応用例

- 4.1　電池・キャパシター
- 4.2　センサ
- 4.3　燃料電池
- 4.4　光電気化学
- 4.5　めっき
- 4.6　腐食・防食
- 4.7　電解合成

第1章

電気化学測定の基礎

執 筆 者

井 手 本　　康　　東京理科大学理工学部
大 坂 武 男　　東京工業大学大学院総合理工学研究科
瀬 川 浩 司　　東京大学大学院総合文化研究科
立 間　　徹　　東京大学生産技術研究所
門 間 聰 之　　早稲田大学材料技術研究所
渡 辺　　正　　東京大学生産技術研究所

(五十音順)

1.1 電気化学へのいざない I 『電気分解』

戦後すぐの 1947(昭和 22)年に出た高校『化学』(著作兼発行者＝文部省(現 文部科学省))が，電気分解のしくみをこう説明していた．

> "塩酸に電極をさし入れて電流を通すと，水素イオンはたちまち陰極に向かい，……陰極に達すると，そこで電氣を失って中性の水素原子となり，……ただちに……結合して，水素分子 H_2……をつくる．……このようにして電流が通るにつれ，塩酸は分解されて水素と塩素とになる."

"何これ，デタラメじゃないか"と思った人なら，時間のムダゆえ以下を読むには及ばない．けれど，"そうだなあ"と思うところが少しでもあった人は，ぜひお読みいただきたい．

この妄言が"事実"となったうえ，電気化学を知らない人たちが教科書を書き，検定し，教え，参考書や問題集もつくってきたせいで，以後 50 年余，ほぼ同じ記述が教科書にのり続けた(論より証拠，1997 年度までの教科書をのぞいてみられよ)．恐ろしいことに，上の"説明"は一から十までウソだった．"電気分解ではイオンが反応する"が大ウソだし，電気分解に先立って塩酸に"電流を通す"なんて芸当など誰にもできはしない．

以下，ウソのイメージを刷り込まれた方々が"社会復帰"を果たすための手引きとしよう．

1.1.1 "電気分解"というもの

a．電気分解＝エネルギー変換

希硫酸に浸した電極 2 本に 1 V をかけても，定常電流は流れない．なぜかというと，水の分解

$$2H_2O \longrightarrow 2H_2+O_2 \tag{1.1}$$

が吸エネルギー反応(酸素 1 mol あたり 474 260 J)で，電気学の基本式

$$\text{エネルギー(単位 J)} = \text{電位差(V)} \times \text{電荷量(C)} \tag{1.2}$$

より，1.23 V 以上の電圧をかけないと反応が始まらないからだ(電荷量 4 F ＝ 385 940 C を使い，電卓をたたいてみよう)．電気分解の本質は"エネルギー変換"

にあり，エネルギー条件が満たされてからのこと，つまり何が反応し，何ができるかはみな各論になる．

b．イオンの役目（1）――反応の舞台づくり

希硫酸に1Vかけたとき，電流計を見つめていれば針がピクッと動くのに気づく．このとき希硫酸中のイオンはほぼ一瞬（0.01秒台）さっと動いて溶液中の電位差を消す．その結果，1Vの電圧は二つの電極-電解液界面に押しつけられる．界面には正負の電荷が向きあった厚み1nm（H_2O分子3個分）ほどの液層ができ，そこを電気二重層という（図1.1）．電気回路の言葉でいうと，電流が一瞬流れるのはコンデンサーの充電と同じで，いま起きたのは電気二重層の充電にほかならない．

1nm（=10Å）は，溶液中の物質が電極と電子を授受できる距離にあたる．式(1.2)を思い起こせば，イオンは一瞬さっと動いて，電解液にかかった電圧（＝電気エネルギー）を肝心な場所に集中させ，反応の舞台を整えてくれたわけだ．

c．電極表面の帯電はわずか

図1.1の陽極と陰極がどれほど帯電しているかは，電気二重層の充電電気量からわかる．帯電の度合いは意外に小さく，電極が金属の単結晶なら，数十原子のうち1個が+1価または-1価になった程度でしかない．だから陽イオンも陽極に平気で近づける．

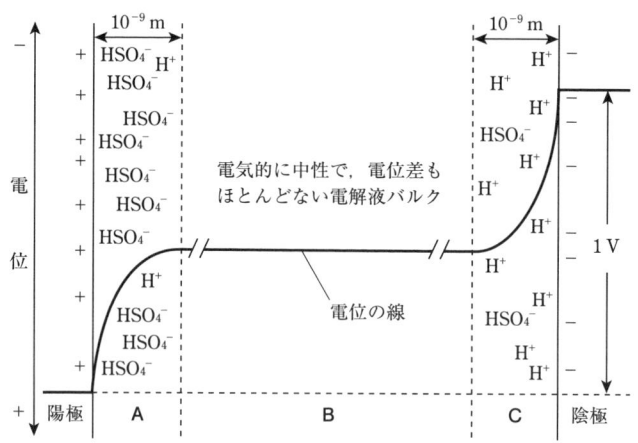

図1.1　イオンの動きが生む界面の電気二重層

d. 反応の開始

 これで舞台が整った．電圧を上げていけば，いずれ式(1.1)のような酸化還元反応を起こせる値を超す．そうなると，何かが陽極に電子を奪われ，別の何かが陰極から電子をもらう．

e. イオンの役目（2）――電子授受の後始末

 反応が起きても，まだ定常電流は流れない．定常電流は，イオンが二つめの仕事をしてくれてようやく流れる．

 下の例でわかるように，電子授受が進めば陽極付近の正電荷がふえ（負電荷が減り），陰極付近の負電荷がふえる（正電荷が減る）．

$$陽極（アノード）反応の例：2\,H_2O \longrightarrow 4\,H^+ + O_2 + 4\,e^-$$
$$Ag + Cl^- \longrightarrow AgCl + e^-$$
$$陰極（カソード）反応の例：[Fe(CN)_6]^{3-} + e^- \longrightarrow [Fe(CN)_6]^{4-}$$
$$O_2 + 2\,H^+ + 2\,e^- \longrightarrow H_2O_2$$

 できた余分な電荷を中和しようと，逆符号のイオンが電極のほうへ動く．これでめでたく回路がつながり，定常電流が流れる．

f. "イオンが反応"神話を忘れよう

 知られる電気分解反応のうち"イオンが反応する"ケースはたぶん1％もなく，本書に登場する例あれこれを眺めてもわかる通り，ほとんどの場合は中性分子や電極自身が反応する．

 高校の先生がたは，$CuCl_2$水溶液を電気分解の導入に使うのがお好きらしい．だがそれはイオンだけが反応する珍しい事例，しかも陽イオンが陰極で，陰イオンが陽極で反応する"例外中の例外"にすぎない．"電荷の引き合いをもとに説明できて"教えやすいというのだが，まったくとんでもない話．そんなふうに教わった人は，"陽イオンが陽極に電子を渡す"ごく平凡な反応

$$Fe^{2+} \longrightarrow Fe^{3+} + e^-$$

も，"陰イオンが陰極から電子をもらう"銀めっきの反応

$$[Ag(CN)_2]^- + e^- \longrightarrow Ag + 2\,CN^-$$

も"この世のものではない"と思ってしまうはず．

1.1.2 まとめ

電気分解は図1.2のようにまとめられる．この図と上記の"手引き"を胸におき，冒頭の引用文を再び読めば，すべて"たわごと"だとわかるだろう．

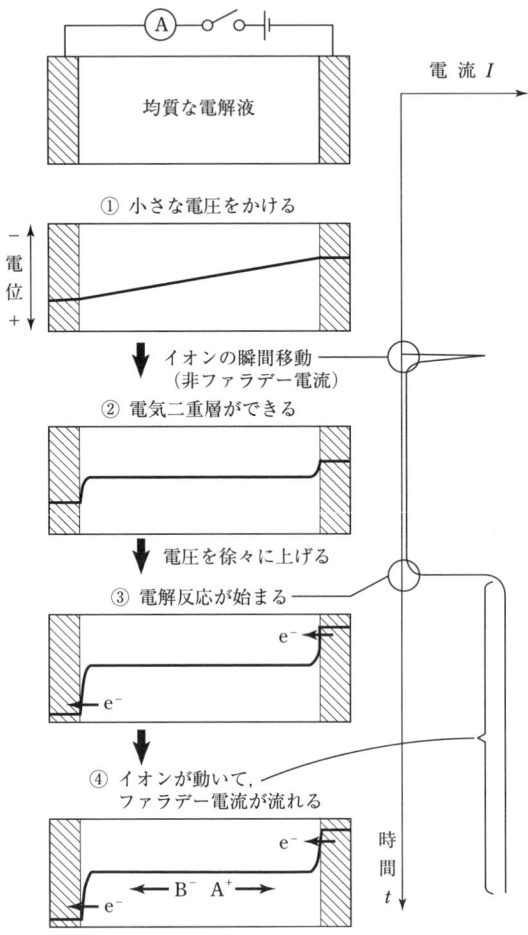

図 1.2 電気分解の進みかたと，流れる電流

1.2 電気化学へのいざない II
『身のまわりの電気化学反応』

　身近な製品や，ありふれた現象のうちには，電気化学にかかわるものが意外と多い．電池，さび，めっきなどがその例である．どれも，金属など"電極"の表面で起こる酸化還元反応，つまり電気化学反応を含む．こうした身近な現象を"電気化学反応"として眺めよう．

1.2.1 電池で起こる反応

a．ダニエル電池

　初心者に電気化学反応を紹介するときよく用いるのが，古くから知られ，かつては実際に使われていたダニエル電池である．

　ダニエル電池をつくるには，銅と亜鉛の板を用意し，図1.3のように，それぞれ硫酸銅 $CuSO_4$ と硫酸亜鉛 $ZnSO_4$ の溶液に浸せばよい．二つの溶液は素焼き板や半透膜などの隔膜で隔て，イオンは通るが溶液は混ざりにくい状態にする．こうすると両金属間に電圧が生じ，豆電球をつなげば光る．つまり，化学エネルギーが電気エネルギーに変わる．

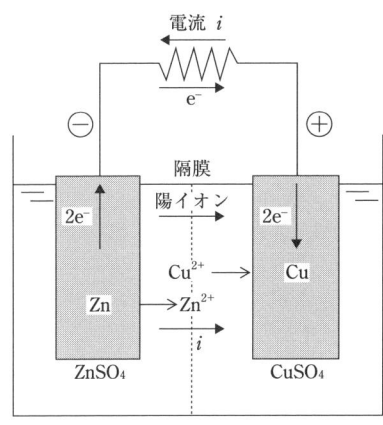

図 1.3　ダニエル電池の概念図

電池は電気分解（1.1節）と逆向きのプロセスである．では，電極ではどんな反応が起こるのだろうか．

図1.3に示すように，亜鉛電極では亜鉛が電極に電子を残して亜鉛イオンとなり，溶液に溶け出す．

$$Zn \longrightarrow Zn^{2+} + 2e^- \quad (1.3)$$

この電子は外に取り出すことができ，亜鉛は負極となる．また，酸化が進む電極をアノードとよぶので，亜鉛はアノードともいえる．なお，電気分解ではプラス側の陽極がアノードだが，電池ではマイナス側の負極がアノードとなるのに注意しよう（コラム参照）．

かたや銅電極では，溶液中の銅イオンが電極から電子を受け取り，表面に析出する．

コラム　アノードとカソード？　貴？卑？

電気化学の分野には，混乱しやすい用語やわかりにくい用語が多い．かつては電位のどちらをプラスとするかが学問領域ごとに違っていたこともあり，古い論文に天地さかさまのようなボルタモグラムをみかけることがあるが，いまでは酸化方向(貴)をプラス，還元方向(卑)をマイナスとするよう統一されている．

電極のよび名としては，めっきや電解ではプラス側を陽極，マイナス側を陰極とよび，電池ではそれぞれ正極，負極となる．これらは電位のプラス側，マイナス側という見方でつけられた名前だが，電気化学ではアノードとカソードのよび名も使われる．アノードとはアノード反応すなわち酸化反応が進む電極，カソードはカソード反応つまり還元反応が進む電極をいう．めっきや電解では，酸化反応が進む陽極がアノードとなり，電池では放電時に酸化反応が進む負極をアノードとよぶ．

プラス・マイナスでつけられた陽極・陰極，正極・負極といったよび名の代わりに，学術的には酸化反応が進むアノード，還元反応が進むカソードと，反応に対応するよび名のほうがわかりやすい．なお充電可能な二次電池では充電中に負極で還元反応が進むが，作動時(＝放電時)を基準と考え，"負極＝アノード"と固定してよぶことが多い．

$$Cu^{2+} + 2e^- \longrightarrow Cu \tag{1.4}$$

この電極は電子が消費される正極で,また還元反応の進む電極なのでカソードともいう.

電池全体の反応は次のように表せる.

$$Zn + Cu^{2+} \longrightarrow Zn^{2+} + Cu \tag{1.5}$$

b. 電池反応と電位

式(1.5)の反応は,硫酸銅溶液に亜鉛板を入れるだけで起こり,亜鉛が溶け出して表面に銅が析出する.このとき液温が少し上がり,化学エネルギーが熱エネルギーに変わる.

逆に,硫酸亜鉛溶液に銅板を入れても式(1.5)の逆反応は起こらない.なぜだろう.

銅イオンは,ある値より高いエネルギーの電子をもらうと銅になる.亜鉛イオンも電子をもらえば亜鉛になるが,銅イオンのときより高いエネルギーの電子を要する(図1.4(a)).このエネルギーの指標となるのが電位で,電子は負電荷をもつため,電子のエネルギーが高いほど電位は負になる.

さて,亜鉛が銅イオンと接したらどうなるか.電子は,エネルギーを捨ててより低いエネルギー状態(より正の電位)に移りたがるので,亜鉛から銅イオンへ移る(図(b)).その結果,亜鉛は亜鉛イオンとなり,銅イオンは銅になって,式(1.5)の反応が進む.このとき電子が捨てるエネルギーは熱に変わる.

一方,銅が亜鉛イオンと接しても,銅がもっている電子のエネルギーでは亜鉛イオンに受け取ってもらえない.つまり,銅の電子に外からエネルギーを加えないと,式(1.5)の逆反応は起こらない(図(c)).

亜鉛から銅イオンへの電子移動を利用して電池をつくるには,電子が捨てるエネルギーを,熱ではなく電気エネルギーとして取り出せばよい.図1.3の構造に

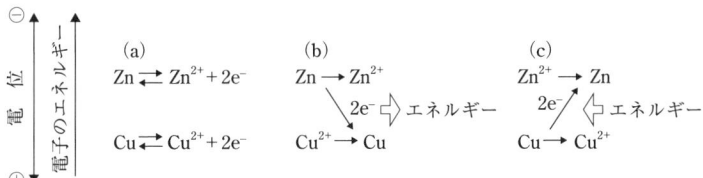

図1.4 ダニエル電池の反応と電位の関係(a)と放電反応(b)と充電反応(c)

すれば，亜鉛と銅イオンは接触しないから，熱として失われることはない．亜鉛の電子は外部回路と銅電極を通って銅イオンに移れるため，電流が流れ，外部回路に仕事がなされる．

なお，電池反応が進むと，負極近くには亜鉛イオンがふえ，正極近くには硫酸イオンが余ってくる．それを中和するために陽イオンが正極方向へ，陰イオンが負極方向へ動くのは電気分解の場合と同じ．だから隔膜はイオンを通さなければいけない．

c. 電池と電気分解

このように電池とは，電子がある物質から別の物質へと，エネルギーを捨てながら移ろうとするのを利用し，その電子の通るバイパスをつくってやって，そこで仕事をさせるための道具だといえる．滝から流れ落ちる水の勢いで発電機を回し，仕事を生み出すのに似ている．

電気分解はその逆で，ポンプを使って水をくみ上げるようなもの．ダニエル電池だと図1.4(c)の反応になり，銅がもつ低エネルギーの電子に外からエネルギーを加え，亜鉛イオンに渡す．これは電池の充電とみてよい．

1.2.2 腐食で起こる反応

a. 鉄の腐食

腐食は，金属がさびたり溶けたりする現象で，さびとは腐食により金属表面にできる沈着物をいう．腐食は電流を流さなくても起こるが，立派な電気化学反応である．

さびといえば鉄を思い起こす．鉄片を酸性溶液に浸すと，次の酸化反応が進むので溶ける．

$$Fe \longrightarrow Fe^{2+} + 2e^- \qquad (1.6)$$

このとき余った電子は，弱酸性溶液中なら次式の還元反応に消費される．

$$2H^+ + 2e^- \longrightarrow H_2 \qquad (1.7)$$

b. 腐食と電池

こうした反応はどこで起こっているのか？ 実際に鉄を腐食させると，均一には溶けず，多くの小さな孔ができる．これは鉄の表面が一様でなく，溶解しやすい場所とそうでない場所があることを物語っている．

FeとH$^+$が接しているなら，Feから直接H$^+$に電子が渡りそうだが，実際には，ある場所は式(1.6)の反応がより起こりやすく，また別の場所は式(1.7)の反応がより起こりやすい．つまり意外にも，すでに述べた電池と同じように反応が進む．式(1.6)のアノード反応，式(1.7)のカソード反応が起こっている部分をそれぞれ局部アノード，局部カソードといい，鉄片の内部ではアノードからカソードへ電子が動く（図1.5）．これを局部電池とよぶ．腐食はこういう局部電池が主役となって進行していく．

1.2.3 めっきで起こっている電極反応

めっきとは，さびやすい金属の上にさびにくい金属をつける操作をいう．貴金属などを薄くつけ，下地を保護したり美しく見せたりする方法で，古くから行われている．

めっきでは，下地金属の表面で金属イオンM^{n+}を金属Mに還元する．

$$M^{n+} + ne^- \longrightarrow M \tag{1.8}$$

反応には電子が必要なので，別の電極を用意し，そちらで何かの酸化反応（水の酸化など）を起こす．つまりめっきとは，下地金属をカソードとした電気分解の一種だといえる．

導電性のないプラスチックやセラミックスなどにもめっきはでき（無電解めっき），やや特殊な技術を要するが，やはり式(1.8)の反応に基づいている．

1.2.4 まとめ

身近なものに電気化学反応がどうかかわっているかをざっと眺めた．いずれも電極上での酸化反応と還元反応の組合せで，エネルギーを出しながら自発反応が進む電池と，外からエネルギーを与えて進める電気分解とに分けられることを理解しよう．

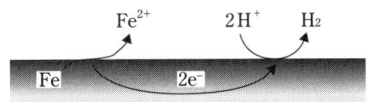

図1.5 鉄がさびるときに形成される局部電池

コラム　アルミニウムの酸化でミクロの蜂の巣が

　まるで蜂の巣のような写真だが，蜂の巣よりも規則正しい．穴の大きさがいかに小さいか，写真中のスケールでわかるだろう．アルミニウムを酸性電解液中，適切な電圧（化成電圧）で長時間陽極酸化すると，細孔が自己組織化的に再配列し，このように長距離規則性を有するポーラスアルミナが得られる．電極反応をうまく使えば，このようなマジックめいたこともできる．
　（写真提供：東京都立大学　益田秀樹）

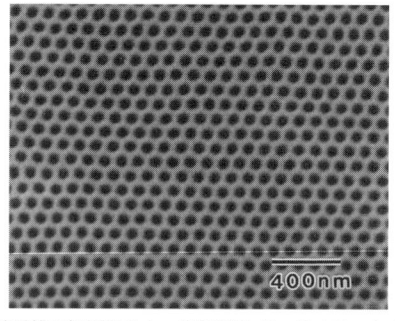

長距離の規則性をもつ陽極酸化ポーラスアルミナ

1.3 理科の実験から『電気化学』へ

ここまでは理科の実験や身近な電気化学反応を例に説明してきた．これらの電気化学反応を理解するために必要な考え方いくつかを説明しておこう．

1.3.1 標準電極電位

ある物質から別の物質へ電子がひとりでに移るには，電子のエネルギーが低くなる必要があり，その指標が電位であることを図1.4を使って説明した．

亜鉛や銅以外のさまざまな酸化還元反応についても，定量的に比べ，反応が起こるかどうかを知るために，標準電極電位（$E°$）という値を用いる．標準電極電位とは，ある酸化還元反応が電極上で起こるとき，標準状態（25°C，1 atm［または10^5 Pa］）で電極が示す平衡電位である．

H^+の活量が1の溶液に1 atmのH_2を吹き込み，そこに浸した白金など安定な電極の平衡電位が，反応式(1.9)の標準電極電位となる．この場合はとくに標準水素電極（standard hydrogen electrode＝SHE．NHEともいう）の電位という．

$$2H^+ + 2e^- \rightleftharpoons H_2 \qquad (1.9)$$

電極電位の絶対値ははかれないため，ほかの酸化還元反応の標準電極電位は，SHEの電位を基準として，それより何ボルト正か負かで表す．SHEより1.0 Vだけ正の電位なら，1.0 V *vs.* SHEとなる．このSHEのように，電位を測定または記述するときの基準に使う電極を基準電極（参照電極，照合電極）という．

標準状態でないときの電極電位は，ネルンストの式(2.2節)で計算できる．式(1.9)の反応で，たとえばH^+の活量が低くなったら平衡が左に傾き，電極にもう少し電子が渡されるので，電位は負のほうに動く．

1.3.2 電極電位と電気化学反応

ダニエル電池で起こる反応，式(1.3)と(1.4)の標準電極電位はそれぞれ-0.76 V *vs.* SHEと0.34 V *vs.* SHEである．標準電極でダニエル電池を組めば（図1.4(b)に対応），これらの差$0.34-(-0.76)=1.10$ Vが開回路（電流が流れてい

ない）状態の電圧，つまり起電力となる．

　また，その逆反応である図1.4(c)の反応を起こさせたいなら，亜鉛電極には-0.76 V $vs.$ SHEより負の電位を，銅電極には0.34 V $vs.$ SHEより正の電位をかけなければならない．

　さまざまな酸化還元反応の標準電極電位は"電気化学便覧"などにのっている（一部を"付録2"にまとめた）．これらの値とネルンストの式から電極電位を導き，値を図1.4の要領で比べると，エネルギーを出す反応か，エネルギーを与えなければ進まない反応かがわかる．

1.3.3　過電圧

　SHEで，式(1.9)の平衡を右に傾けH^+をH_2に還元したければ，電極には0.0 V $vs.$ SHEより負の電位をかければよい．このとき電極は陰極となって還元電流が流れ，電流値は電極反応速度に比例する．

　しかし電極反応速度は，どんな電極材料でも同じというわけではない．たとえば-0.5 V $vs.$ SHEでどれだけH^+の還元電流が流れるかは，使う電極ごとに違う．電極が水銀なら，還元電流はほとんど流れず，水素は発生しにくい（1.5節）．

　電位をもっと負にすれば還元電流が観測される．このとき，"どれほど余計に負の電位を与えなければならないか"の値を過電圧とよぶ．酸化反応の場合は，"どれだけ余計に正の電位をかけなければならないか"となる．過電圧はおもに反応と電極材料の組合せで決まり，過電圧が大きいほど電極反応速度は遅い．

　標準酸化還元電位は平衡に基づく熱力学的な値だが，過電圧は速度論的な値であることに注意しよう．実際に反応が進み，電流が流れるかどうかは，少なくともこれら二つの値に左右される．

1.3.4　三電極系の測定

　電気化学反応では，二つの電極で酸化反応と還元反応が同時に進む（1.2節）．しかし，どちらか一方の電極で進む反応だけに注目しないと，その反応は正しく理解できない．

　たとえば"電位差"には陽極と陰極の情報が混ざっていて，両者は分離できない．しかし，どちらか一方の電極の電位が正確にわかれば，そこでどんな反応が

1.3 理科の実験から『電気化学』へ　　15

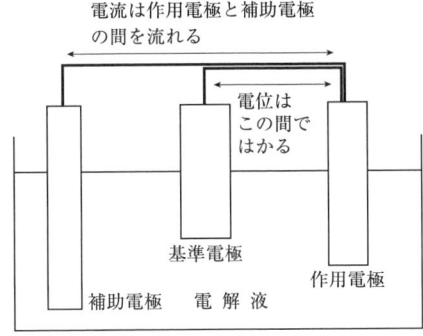

図 1.6　作用電極，基準電極，補助電極を使う一般的な三電極系の概念図

起きているかを推定できる．ときにはネルンストの式から，反応する物質の活量もわかる．さらには，その電極に所定の電位をかけ，望み通りの反応を起こすこともできる．このような，ある実験系で注目する一つの電極を作用電極（または動作電極）とよぶ（図1.6）．

　作用電極の電位を知るには，基準電極との電位差をはかればよい．しかし，実際に作用電極で反応が起きているとき，たとえば酸化反応が起きているとき，基準電極では還元反応が起きている．すると，SHEなら電極周辺のH^+の活量が低下して電位が変わってしまう．そうなれば電位の正確な測定は難しい．

　そこで，第三の電極として補助電極（対極）を用いる．作用電極の電位は基準電極に対して測定・制御するが，電位の正確さを保つため，基準電極には電流をほとんど流さないようにする．しかし，作用電極で酸化反応が起こるなら，作用電極が受け取った電子をどこかに捨てなければならない．そのため補助電極で還元反応を起こさせる(図1.6)．このような実験系を三電極系という．

　三電極系の測定に使う装置をポテンショスタットという．ポテンショスタットを使えば，作用電極の電位をはかれるだけでなく，所定の電位をかけて反応を起こし，作用電極と補助電極の間に流れる電流（∝反応速度）もはかれる．

　また，ガルバノスタットという装置を使えば，一定の電流を流しながら作用電極の電位の変化を測定できる．

　電気化学ではふつう，こうした三電極式の測定系（三電極系）で測定する．

1.3.5 電解質

正確な電気化学測定を行うには，ポテンショスタットかガルバノスタット，三つの電極のほかにもう一つ，電解液のことを忘れてはいけない．

たいていの電気化学反応は電解液と電極の界面で起こる．電解液は十分なイオン伝導性をもたねばならない．1.1節や1.2節で述べたように，二つの電極上で反応が起こると，一方の電極周辺では陽イオン，他方では陰イオンが生じる（または余る）が，電解液中のイオンが動けば，この不均衡が解消される．また，電解液のイオン伝導性が不十分だと，電位差が電解液の本体（バルク）にも落ちてしまうため，電位を正しく測定できない．

電解液は水などの溶媒に塩を溶かしたもので，この塩を支持電解質（支持塩）とよぶ．液体状態の塩（溶融塩）や固体のイオン伝導体（固体電解質）を用いることもある．固体電解質の場合，イオン伝導性のほかに電子伝導性もあると，電極間が短絡してしまうので注意する必要がある．

1.3.6 まとめ

電気化学反応を考えるうえで電極電位の制御は欠かせない．電位を正確にはかるには，作用電極，基準電極，補助電極からなる三電極系を要し，それらを制御するため，ポテンショスタットまたはガルバノスタットと，適切な電解液も必要になる．

1.4 三種の神器 『ポテンショスタット・ガルバノスタット』

　電気化学測定の中心となる測定器は，ポテンショスタットとガルバノスタットである．どちらも測定系に対する電源と考えてよいが，1.3節で述べたように，電気化学測定を行うさいには，電位の基準となる基準電極も組み込んだ三電極セルを使う必要がある．このうち，ポテンショスタットは基準電極に対する作用電極の電位を制御し，ガルバノスタットは作用電極と補助電極の間に流れる電流値を制御する．

1.4.1 ポテンショスタットとは？

　ポテンショスタットの動作をつかむために，三電極での電解を考える．陽極と陰極に直流定電圧電源をつないだ電解装置を考えよう．セルの中に基準電極を入れ，基準電極に対する電極の電圧をはかれば電極電位がわかる．すなわち電解中の電極電位をはかるには，基準電極と，内部抵抗の十分に大きな電圧計があればよい．これに対してポテンショスタットは，一定の，あるいはあらかじめ決めたプロファイルをもつ電位を作用電極に加える装置である．ポテンショスタットとは電位＝ポテンシャル（potentio）を一定に保つ（stat）ことを意味する．陰極・陽極間の電圧を制御するのではなく，作用電極の電位を制御することで，補助電極の変化にとらわれず作用電極の状態（電位）を制御・測定できる．

　ポテンショスタットには外部からの信号入力端子がついていて，ファンクションジェネレーターから種々の波形を入力すれば，作用電極の電位をその波形通りに制御できる．

　またポテンショスタットは一般に，電位を制御するだけでなく電位を測定する機能ももつ．なおポテンショスタット内部では，補助電極と作用電極の端子間に電圧を加えて電流を流す一方，基準電極の端子は内部抵抗をきわめて高くしているため（通常 $10^{9\sim11}\,\Omega$ 以上），基準電極に流れる電流はごくわずかしかない．

1.4.2 ポテンショスタットのスイッチ・端子類

ポテンショスタットのスイッチ類や，入出力端子を見ていこう．図1.7を参照されたい．ポテンショスタットの基本的なスイッチ類は，① ファンクションスイッチ，② 電流レンジ設定スイッチ，③ 内部電位設定ダイヤルである．その他，電流計や電圧計もついている場合はレンジ選択スイッチなどがあり，電位追随速度などを設定できる機種もある．ファンクションスイッチは，ポテンショスタットと電解セルが切り離されたモード，電位測定モード，ポテンショスタット作動モード，およびほとんどの機種でガルバノスタットモードが選択できるようになっている．

ポテンショスタットの入出力端子として基本的なセットは，① 外部入力，② 電位出力，③ 電流値出力の端子だが，機種によっては，セルと直列になった電流端子（通常はシャントで短絡しておく）や外部入力端子が複数ある．

ポテンショスタットは，ふつうは作用電極が回路のグラウンド（アース）に接地され，作動時には内部設定電位（E_{int}）と外部入力電圧（V_{ext}）の合計（$E_{\text{int}} + V_{\text{ext}}$）と，基準電極に対する作用電極の電圧（＝作用電極の電位 E_{w}）が等しくなるよう，補助電極に投入される電源出力を制御する．作用電極の電位は電圧に変換されて電位出力端子に出力され，レコーダーなどの外部機器で読み取れる．

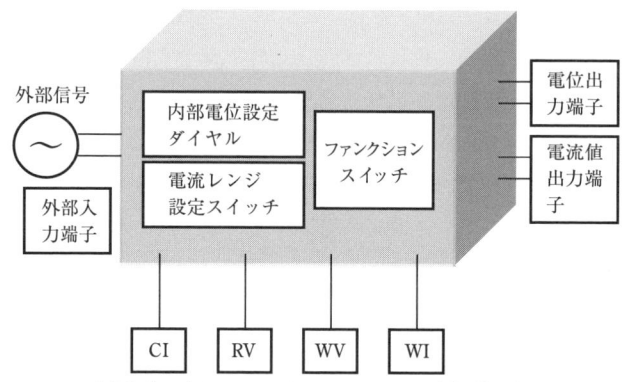

図 1.7 ポテンショスタットのスイッチ類と端子類
WI：作用電極電流ケーブル，WV：作用電極電位測定ケーブル，RV：基準電極ケーブル，CI：補助電極ケーブル．

作用電極と補助電極の間に流れる電流は，そのままではレコーダーなどでの読み取りが不便だし，また記録機器への接続・切り離しを容易にするため，電圧の形で電流値出力端子に出力される．補助電極側の回路に直列に抵抗(R/Ω)を入れると，電流(i/A)が流れたとき$i \times R$に相当する電圧が生じる．このことを利用してポテンショスタットでは電流値を電圧に変換している．電流レンジ選択スイッチはポテンショスタット内部に用意されたこれらの抵抗を切り替え，そのレンジに対応した電圧を出力する．

なおポテンショスタットから電解セルに流せる電流は各電流レンジに示された値が最大値で，一般にはその最大電流値で電流値出力の電圧が1Vとなる抵抗を使っている．たとえば100μAレンジの場合は10kΩの抵抗，10mAレンジの場合には100Ωの抵抗である．抵抗の両端に発生する電圧が電流値出力端子に現れる．電圧に変換するとレコーダーで記録しやすくなるだけでなく，小さな電流も1Vフルスケールの電圧に変換されるため，電流感度の向上と，ポテンショスタットから記録機器までに生じるノイズの低減に役立つ．

1.4.3　ガルバノスタットの動作

ほとんどのポテンショスタットはガルバノスタットモード（galvano＝電流の）に切り替えられる．ポテンショスタットでは内部設定および外部入力の合計が制御される電位となったのに対して，ガルバノスタットの場合はその合計値が電流値出力端子の電圧値と等しくなるよう出力が制御される．このさい，出力電流が電流レンジの最大値を超えないよう，内部設定および外部入力の合計が1V未満となるよう注意する．

1.4.4　使用上の注意

ポテンショスタットやガルバノスタットはさほど壊れやすい機器ではない．注意点は，①セルを接続していない状態（断線を含む）で動作させない，②電流レンジの限界以上に電流を流さない，の2点だろう．市販されているほとんどの機種は保護回路をもち，少し無理な操作をしてもまず壊れることはないので，ともかく操作してみて機器に慣れてから実際のデータをとることをすすめる．

ファンクションジェネレーター内蔵のポテンショスタットやコンピュータ制御

の完全自動測定システムなども市販され，それらを用いればケーブル接続や操作が容易になる．ただし，自動測定の場合は測定者に対して機器の動作がブラックボックス化しているため，容易にデータが得られる半面，思わぬミスを見過ごしやすい．また自動測定機のプログラム作者が電気化学測定の十分な知識をもたない場合には，自由に設定できなかったり，データの出力形式に不備があったりするので注意しよう．電気化学測定は，ポテンショスタットの動作と各機器からの信号の流れを理解したうえで行うようにしたい．

コラム　ポテンショスタットの選び方

"ポテンショスタットを買いたいが，どの機種を買うのがいいでしょう？"という質問をよく受ける．模範回答は，"測定したい系と目的にあった電流感度，最大電流，電位応答（追随）速度を満たすもの"となる．この3点で測定範囲をカバーしている機種のうち，操作性がよいものを購入すればよい．

とはいえ，初めて購入するさいにはこれらの条件がよくわからないことがある．まず自分がどのような系で何を測定（または電解）したいのかをはっきりさせよう．そのうえで文献などをもとに電流値を考える．たとえばマイクロ電極はnAレベルの感度を要することがあるし，大面積の電極を使うなら10 Aといった大電流値を流せる電源をもつポテンショスタットが必要となる．

測定手法を考えた場合，定電流電解などの定常状態ではなく，超高速サイクリックボルタンメトリーやパルス法，インピーダンス法など過渡現象を調べる場合は，電位追随速度が機種選定のポイントとなる．またRRDE（回転リングディスク電極）法やくし形電極などを用いる場合，複数の作用電極を一つの電気化学反応系の中で使う場合がある．本文でも述べたように，ふつうポテンショスタットは作用電極端子をグラウンドにとっているため，複数のポテンショスタットを一つの電気化学反応系に入れるのは容易でない．RRDEについては専用のポテンショスタットを各社が発売している．それ以外の場合は作用電極回路をそれぞれフロートさせた専用のポテンショスタットが必要となる．以上のことをふまえてメーカーに相談し，自分の研究に適したポテンショスタットを選ぶようにしたい．

1.5 三種の神器 『作用電極・基準電極・補助電極』

上述の通り,ふつうの電気化学測定は電極3本(作用電極,基準電極,補助電極)を用いる三電極系で行う.作用電極では注目する電極反応が進み,基準電極は作用電極の電位制御(または測定)の基準に使い,補助電極は作用電極と対になって電流を流す.こうした電極にはどんな種類があり,どのような特性が必要なのかを眺めてみよう.

1.5.1 作用電極の機能

ある電気化学現象を調べたいとき,その現象の起こる電極が作用電極(working electrode)である.作用電極は電子を"反応種"として供給または受容する.酸化体 Ox と還元体 Red の電子授受なら,作用電極は Ox に電子を供給する陰極(カソード,式(1.10))か,Red から電子を受容する陽極(アノード,式(1.11))として機能する(図1.8).

$$\text{Ox} + \text{e}^-(\text{電極}) \longrightarrow \text{Red} \tag{1.10}$$

$$\text{Red} \longrightarrow \text{Ox} + \text{e}^-(\text{電極}) \tag{1.11}$$

このとき,電極と溶液の界面に電極反応の場ができ,界面(電気二重層)を電子やイオンが通過する(電流が流れる)ことで電極反応が進む.

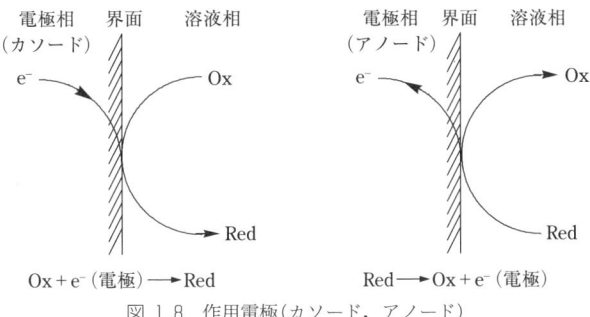

図 1.8 作用電極(カソード,アノード)

1.5.2 作用電極を選ぶ基準

電解液に溶かした化学種の酸化還元反応を調べたいとき、作用電極を選ぶ判断基準は、その電極の"電位窓 (potential window)"である。電位窓とは、溶媒や支持電解質が電子授受しない電位範囲をいう。このような挙動の電極を理想分極性電極とよぶ。電極・溶媒・支持電解質で決まる電位窓の例を表1.1に示す。

電位窓の負側の端は、支持電解質、溶媒、不純物（たとえば溶存酸素）などの還元性で決まる。水溶液中では水の還元（pHが高いときは $2H_2O+2e^- \rightarrow H_2+2OH^-$、pHが低いときは $2H^++2e^- \rightarrow H_2$）が起こり、この電位はpHや電極材料で変わる。電極材料が影響するのは、反応の過電圧（この場合は水素過電圧）が異なるためである。水素過電圧の小さい順に電極材料をあげると、Pt＜Pd＜Ru＜Rh＜Au＜Fe＜Co＜Ag＜Ni＜Cu＜Cd＜Sn＜Pb＜Zn＜Hgとなる。水素発生は、Pt電極では起こりやすく、Hg電極では起こりにくい。

電位窓の正側の端は、電解質や溶媒、不純物の酸化、電極自身の酸化溶解や酸化物生成で決まる。水溶液中では酸素発生の電位が酸化反応領域を限る。酸素発生の

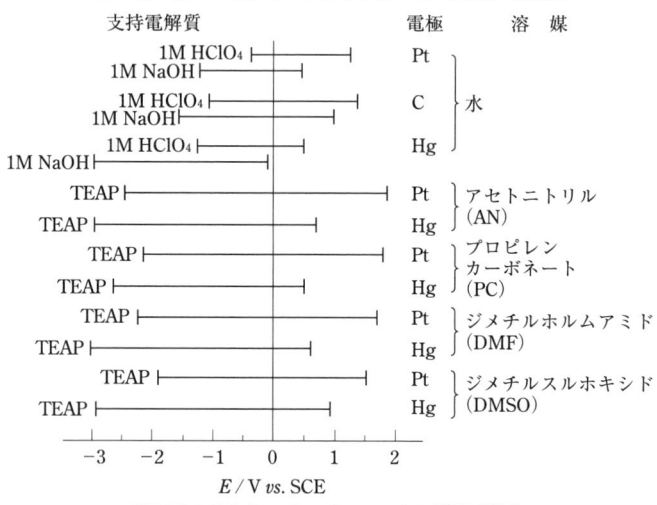

表1.1 種々の溶液中におけるさまざまな電極の電位窓

TEAP：テトラエチルアンモニウム過塩素酸塩

[D. T. Sawyer, J. L. Roberts, Jr., "Experimental Electrochemistry for Chemists", John Wiley (1947), p. 65]

1.5 三種の神器『作用電極・基準電極・補助電極』　23

過電圧（酸素過電圧）も電極材料で異なる．酸素過電圧は Ni＜Fe＜Pb＜Ag＜Cd＜Pt＜Au の順に大きく，Au や Pt は有機・無機化合物の電解酸化のアノードに適する．

　非プロトン性有機溶媒（1.6.3 項）中では，水素発生や酸素発生が電位窓を制限しないので，作用電極を選ぶ自由度も大きい．

1.5.3　代表的な作用電極

　作用電極には，① 貴金属電極，② 炭素電極，③ 水銀電極，④ 透明電極，⑤ その他がある（表1.2）．溶解電位が高い Pt，Au，Pd，Rh などは酸化反応用のアノードに適する．反対に，水素過電圧が大きく還元反応用の電極にぴったりの水銀は，それ自身が酸化されやすいので正電位域の使用には適さない．炭素電極は酸化・還元両方向の電位窓が広いため使いやすい．

1.5.4　作用電極の前処理法

　測定に先立って，まず作用電極の表面をきれいにする．不純物がついた表面で

表 1.2　代表的な作用電極

分　類	具　体　例	特　　徴
貴金属電極	Pt, Au, Ag, Pd, Rh, Ir, W	酸素過電圧が一般に高く，酸化反応用の電極に適する．取り扱いやすい．
炭素電極	グラッシーカーボン（glassy carbon），パイロリティックグラファイト（pyrolytic graphite），ベーサルプレインパイロリティックグラファイト（basal-plane pyrolytic graphite），カーボンペースト（carbon paste），HOPG（highly oriented pyrolytic graphite），炭素繊維（carbon fiber）	酸化および還元方向の電位窓が広くて使いやすい．化学薬品に安定．
水銀電極	滴下水銀電極（DME），吊り下げ水銀電極（HMDE）	水素過電圧が非常に大きく，還元反応用の電極に適している．新しい電極表面の生成が容易．酸化反応を調べるのに適さない．
透明電極	Nesa（Sb をドープした SnO_2）　Nesatoron（Sn をドープした In_2O_3）	光透過性の電極で，分光電気化学測定用に適する．
その他の電極	酸化物電極（TiO_2, MnO_2, PbO_2, ペロブスカイト酸化物，ブロンズ酸化物など），半導体電極（Si, Ge, ZnO, CdS, GaAs, TiO_2 など），修飾電極，特殊形態電極（多孔質電極，高分子固体電解質電極など）	機能性電極とよばれている．

は，目的としない電流が流れたり，望みのデータが得られないことも多い．

白金や金など金属電極の表面は，一般に次の手順で前処理する（必ずしもすべての操作を行う必要はない）．

① 細かい紙やすりなどで平滑にする．
② アルミナ研磨液などで磨き，鏡面にする（最初はあらい粒子（たとえば$1\,\mu m$）を用い，次に細かい（たとえば$0.06\,\mu m$）粒子を用いて研磨するのがふつう）．
③ 蒸留水中で超音波洗浄し，電極表面に付着したアルミナ微粒子を除く．
④ クロム酸混液，熱硝酸，王水などで洗う．
⑤ よく水洗する．
⑥ 測定に使う電解液中で電位走査を繰り返す．

金属電極の表面がきれいになっているかどうかは，たとえば希硫酸中でサイクリックボルタンメトリー（CV，2.4節）を行い，それぞれの金属固有のCV曲線（サイクリックボルタモグラム）が得られるかどうかで判断できる．図1.9は$1\,M\,H_2SO_4$中のPt，Pd，Rh，Au電極のCV曲線を示す．これらのCV曲線は表面がきれいな場合に得られ，不純物などが付着して汚れている場合には違う波形になる．通常，水素発生と酸素発生が起きる電位範囲で何回か電位走査を繰り返せば"きれいな応答"が得られ，電気化学的に活性な電極表面が得られる（電気化学的前処理）．なお，図1.9のCV曲線に見える応答（ピーク）は，水素の吸脱着，水素発生，酸素発生，酸化皮膜の生成・還元を表す．理想分極性の電位範囲（二重層域）は狭いが，水素の吸脱着波や酸化皮膜生成・還元波などはわずかな電気量しか要しない反応（単分子層反応）だから，ふつうは，こうした電流が流れる電位領域でも他の溶存種の電極反応は調べられる．

炭素電極のうち，グラッシーカーボン（ガラス状の不透過性カーボン）電極の前処理には上記の①～③を用いる．パイロリティック（熱分解）グラファイト電極なら，カミソリで電極表面をへきかいして清浄な層面を出せばよい．

水銀電極に使う水銀は，2～3回減圧蒸留して精製する．滴下水銀電極や吊り下げ水銀電極として使えば，新しい水銀滴ができるため，きれいな電極表面を再現性よくつくれる．

透明電極は，表面を手で直接さわらないよう注意して扱い，使用前に表面をア

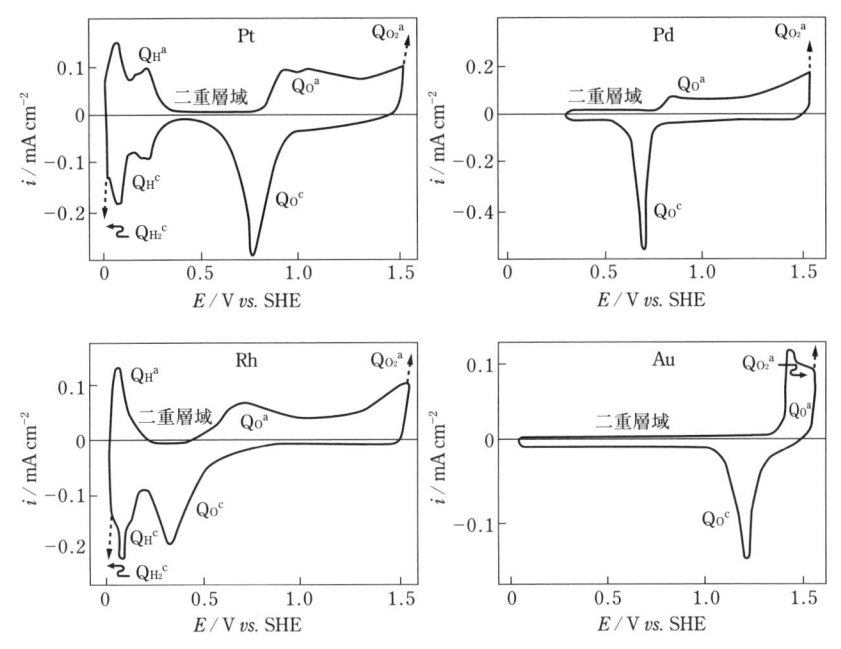

図 1.9　1M H_2SO_4 中における Pt, Pd, Rh, Au 電極の CV 曲線
Q_H^c：水素吸着，$Q_{H_2}^c$：水素発生，Q_H^a：水素脱着，Q_O^c：酸化被膜還元，Q_O^a：酸化被膜生成，$Q_{O_2}^a$：酸素発生．

[D. T. Sawyer, J. L. Roberts, Jr., "Experimental Electrochemistry for Chemists", John Wiley (1947), p.67]

ルコールやアセトンでかるくふく．硫酸やアルカリ溶液で前処理を行うこともある．

1.5.5　作用電極をつくる

　電気化学測定には，目的ごとに適当な大きさ（ディスク電極なら直径1μm～10cm），形状（ディスク状，線状，板状など）の作用電極を使う．たいていの電極は購入できるが，自作してもよい．たとえば図1.10(a)のように，金属電極の線か棒をエポキシ樹脂などでガラス管に封入すれば，断面を円盤状（ディスク）電極として使える．図(b)はテフロン棒をくりぬいて中に金属電極棒を押し込んだもの，図(c)はガラス管をホルダーにし電極を熱収縮テフロンチューブで固定したもの，図(d)はソーダガラス管に白金を封入したものである（この場合，パイ

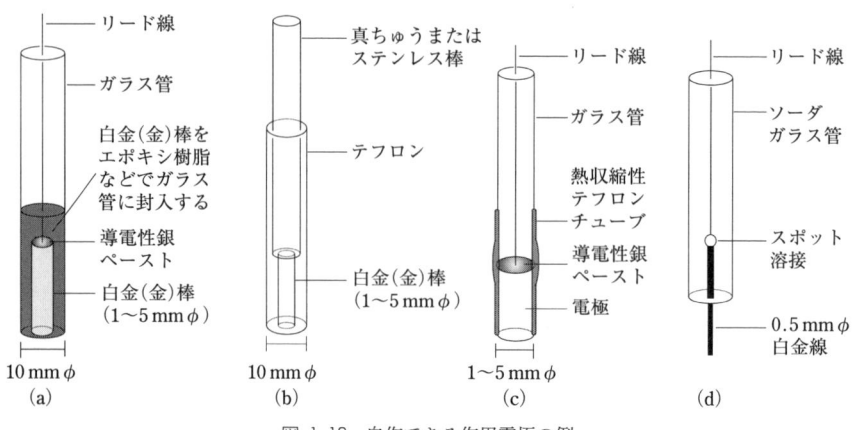

図 1.10 自作できる作用電極の例

レックスガラスは白金と熱膨張係数が大きく違うため作製後にヒビが入りやすいが，ソーダガラスは白金とほぼ同じ熱膨張係数だから適している）．

1.5.6 基準電極に求められる性質とは

基準電極は，作用電極の電位を測定・制御するのに使う．そのため，電位が安定で再現性に優れていなければいけない．具体的には次のようになる．

① 電位が可逆で，ネルンストの式に従う．
② 可逆電位が長時間安定で，再現性がよい．
③ 二電極系でボルタンメトリーをしたとき，流れる電流で電位がわずかしか変化せず（非分極性），微小電流が電極に流れて電位が変化したときも，ヒステリシスを示さず，すぐにもとの電位に戻る．
④ 温度変化に対する電位のヒステリシスがない．
⑤ 液間電位差がないか小さく（後述），微小電流が流れても液間電位差が変わらない．
⑥ 電極が金属とその塩から構成されている場合，金属塩の溶解度が小さい．
⑦ 製作も取り扱いもしやすい．

1.5.7 代表的な基準電極

a．標準水素電極

ネルンストの提案により，標準水素電極（SHE）が電極電位の一次基準にされた．SHE を基準とした各種電極の電極電位を"水素電極尺度による値"という．SHE の構造の一例を図 1.11 に示す．白金黒をめっきした白金電極（Pt-Pt）を水素イオンの活量（a_{H^+}）が 1 の水溶液（HCl 水溶液では $1.18\,\mathrm{mol\,kg^{-1}}$）に入れ，圧力（$P_{H_2}$）1 atm（または 10^5 Pa）の水素を通じる．SHE を電池式で表すと，

$$\mathrm{Pt\text{-}Pt\,|\,H_2}(P_{H_2}=1\,\mathrm{atm})\,|\,\mathrm{H^+}(a_{H^+}=1) \tag{1.12}$$

となり，その電位は電極反応

$$\mathrm{H^+ + e^- \rightleftharpoons \tfrac{1}{2}H_2} \tag{1.13}$$

に対応して次のように与えられる．

$$E\!\left(\tfrac{1}{2}\mathrm{H_2/H^+}\right) = E^\circ\!\left(\tfrac{1}{2}\mathrm{H_2/H^+}\right) - \frac{RT}{F}\ln\frac{P_{H_2}^{1/2}}{a_{H^+}} \tag{1.14}$$

$E^\circ\!\left(\tfrac{1}{2}\mathrm{H_2/H^+}\right)$ は水素電極の標準電極電位で，ネルンストの提案に従い，あらゆる温度でゼロと定義されている．式(1.13)の電極反応が可逆的に起こる（正逆両方向とも速度が大きい）ため電極電位が一定に保たれる．水素電極はもっとも高い再現性をもち，温度，pH の広い範囲で使用でき，水溶液用にはもっともすぐれた基準電極となる．しかし構造上必ずしも使いやすくはないし，酸化剤（O_2，Fe^{3+} など）や白金に吸着される物質（シアン化物，硫化物など）が溶液中に共存すると電位に影響することもあって，現実にはほとんど使わない．

b．実用的な基準電極

銀-塩化銀（Ag | AgCl．Ag/AgCl とも表記）電極は，電位の再現性も精度も SHE の次に優れ，しかも取り扱いやすいため多用されている．図 1.12 のように電極の構成は単純で，銀の表面を塩化銀で覆い，塩化物溶液中に浸せばよい．電池式と電極反応，電位は次のように表す．

$$\mathrm{Ag\,|\,AgCl(固体)\,|\,Cl^-} \tag{1.15}$$

$$\mathrm{AgCl + e^- \longrightarrow Ag + Cl^-} \tag{1.16}$$

$$E(\mathrm{Ag\,|\,AgCl}) = E^\circ(\mathrm{Ag\,|\,AgCl}) - \frac{RT}{F}\ln\frac{a_{Ag}a_{Cl^-}}{a_{AgCl}} \tag{1.17}$$

図 1.11 標準水素電極の例

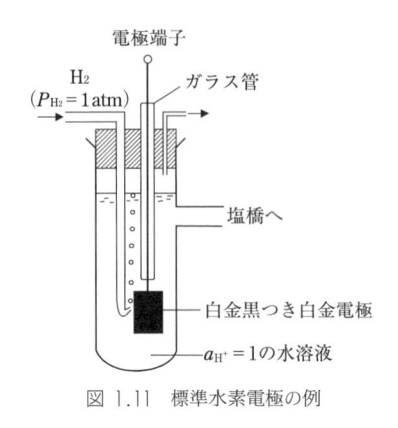

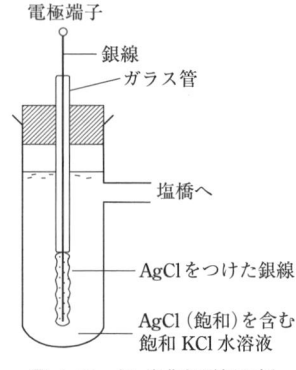

図 1.12 銀-塩化銀電極の例

$E^{\circ}(\mathrm{Ag}\,|\,\mathrm{AgCl})$ は標準電極電位（25°Cで 0.2223 V $vs.$ SHE），a_{AgCl}, a_{Ag}, $a_{\mathrm{Cl^-}}$ はそれぞれ AgCl, Ag, Cl$^-$ の活量を示す．純固体の AgCl と Ag は活量が 1 だから，式(1.17)は式(1.18)のように表され，電極は Cl$^-$ に対して可逆的に応答する．

$$E(\mathrm{Ag}\,|\,\mathrm{AgCl}) = E^{\circ}(\mathrm{Ag}\,|\,\mathrm{AgCl}) - \frac{RT}{F}\ln a_{\mathrm{Cl^-}} \tag{1.18}$$

AgCl の溶解度積 $K_{\mathrm{AgCl}} = a_{\mathrm{Ag^+}} \cdot a_{\mathrm{Cl^-}}$ を式(1.18)に代入すると次式が得られ，

$$E(\mathrm{Ag}\,|\,\mathrm{AgCl}) = E^{\circ}(\mathrm{Ag}\,|\,\mathrm{AgCl}) - \frac{RT}{F}\ln K_{\mathrm{AgCl}} + \frac{RT}{F}\ln a_{\mathrm{Ag^+}} \tag{1.19}$$

銀-塩化銀電極は Ag$^+$ にも可逆応答するとわかる．したがって，銀-塩化銀電極を基準電極に使うときは，溶液中の Cl$^-$ や Ag$^+$ の濃度を明記する必要がある．たとえば，この電極の電位は Cl$^-$ の濃度が 1 M のとき 0.2223 V $vs.$ SHE だが，飽和 KCl 水溶液中では 0.199 V $vs.$ SHE となる．

水溶液系で使う基準電極には，ほかに水銀-塩化水銀（Ⅰ）電極（飽和カロメル電極(SCE)，Hg | Hg$_2$Cl$_2$(s) | KCl または NaCl），水銀-酸化水銀電極（Hg | HgO | OH$^-$），水銀-硫酸水銀（Ⅰ）電極（Hg | Hg$_2$SO$_4$ | SO$_4^{2-}$）などがある（表 1.3）．水銀-酸化水銀電極はアルカリ性水溶液で，水銀-硫酸水銀電極は測定溶液に Cl$^-$ を含ませたくない場合や SO$_4^{2-}$ 系での使用に適する．水銀-酸化水銀電極の電極電位は溶液の pH に依存する．

コラム　非水溶液系で使う基準電極

　非水溶液系で使う基準電極は，水溶液系とは違う扱いをする場合が多い．銀-塩化銀電極，銀-銀イオン電極（Ag｜Ag$^+$），飽和カロメル電極などを測定系と同じ溶媒系で使う方法(a)と，水溶液系用基準電極を液絡でつないで使う方法(b)がある．前者は扱いやすい半面，作製条件や使用条件で電位のバラツキが10 mV以上になることがあるが，注意すれば基準電極として使える．後者の場合は，水溶液と非水溶液との液絡部に液間電位差（200 mV以上になることもある）を生じ，その値は溶媒や支持電解質によって変わりやすい．また非水溶液に水分が混入する恐れがあるので長時間の使用は避ける．溶融塩系の場合は，水溶液中の標準水素電極にあたるような基準電極はないが，たとえばNaCl-KCl溶融塩系ではAg｜AgCl電極が，AlCl$_3$-NaCl-KCl溶融塩系ではアルミニウム電極（Al｜Al(III)電極）が用いられる．

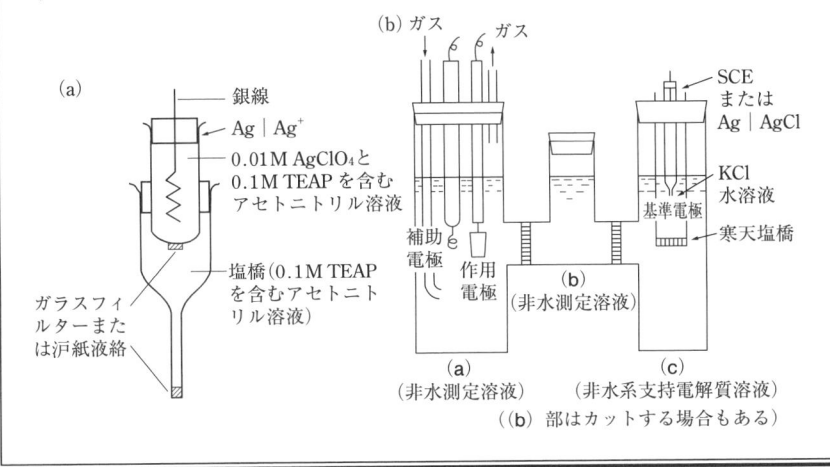

（図：(a) Ag｜Ag$^+$電極，銀線，0.01 M AgClO$_4$と0.1 M TEAPを含むアセトニトリル溶液，塩橋（0.1 M TEAPを含むアセトニトリル溶液），ガラスフィルターまたは沪紙液絡．(b) ガス，補助電極，作用電極，（非水測定溶液），基準電極．(c) SCEまたはAg｜AgCl，KCl水溶液，寒天塩橋，（非水系支持電解質溶液）．（(b)部はカットする場合もある））

c. 銀-塩化銀電極のつくり方

　銀-塩化銀電極は扱いやすく構造も簡単で，次のように自作できる．直径0.5～1 mmの銀線をアノードとして0.1 M KClか0.1 M HCl水溶液中，約0.3 mA cm^{-2}以下の電流密度で30分ほど電解し，銀表面にAgClを生成させる．銀の表面を完全に覆う必要はなく（表面の5～10％で十分），またAgCl層が厚いと平衡に達

表 1.3 代表的な基準電極(25°C)

基準電極	構成	電位 E / V vs.SHE	略号
水素電極	Pt-Pt ǀ H$_2$ ǀ HCl($a=1$)	0.000	SHE
飽和カロメル電極	Hg ǀ Hg$_2$Cl$_2$ ǀ 飽和 KCl	0.2444	SCE
	Hg ǀ Hg$_2$Cl$_2$ ǀ 1M KCl	0.2801	
銀-塩化銀電極	Ag ǀ AgCl ǀ 飽和 KCl	0.199	Ag ǀ AgCl
	Ag ǀ AgCl ǀ HCl($a=1$)	0.2223	
水銀-硫酸水銀(I)電極	Hg ǀ Hg$_2$SO$_4$ ǀ 飽和 K$_2$SO$_4$	0.64	Hg ǀ Hg$_2$SO$_4$
	Hg ǀ Hg$_2$SO$_4$ ǀ H$_2$SO$_4$($a=1$)	0.6152	
水銀-酸化水銀電極	Hg ǀ HgO ǀ 1M NaOH	0.1135	Hg ǀ HgO
	Hg ǀ HgO ǀ 1M KOH	0.1100	

するのが遅くなるため厚すぎないよう注意する．溶液は AgCl 飽和 KCl 水溶液を用いる．KCl 水溶液中に AgCl を飽和させておく（固体の AgCl を加えておけばよい）理由は，水溶液中の Cl$^-$ の濃度が高くなると次の反応により AgCl が少しずつ溶出するためである．

$$\text{AgCl(固体)} + n\,\text{Cl}^- \longrightarrow \text{AgCl}_{n+1}^{n-} \quad (n=1, 2, 3) \tag{1.20}$$

被検液が Cl$^-$ や Ag$^+$ を含めば，AgCl をつけた銀線をそのまま浸すだけで Cl$^-$ や Ag$^+$ の活量に応じた電位を発生するから，液間電位差（後述）のない電池の起電力を測定するときの基準電極となる．

1.5.8 補助電極

三電極系の測定を行うとき，作用電極，基準電極とともに用いる電極が補助電極で，電流は作用電極-補助電極間に流す．ポテンショスタットで電位規制したさい，補助電極の電位はむろん規制されていないが，作用電極で目的の酸化反応（還元反応）が起こっていれば，補助電極では何かの還元反応（酸化反応）が進む．そのため電解系全体では補助電極も決して"補助的な"電極ではなく，反応の一部を担うことを忘れてはならない．補助電極としては，安定で電気化学的挙動がよくわかっている白金電極（図1.13）を一般に用いる．また，作用電極が電子を受けとる（放出する）のと同じ速さで補助電極では電子を放出する（受けとる）が，面積が小さいと反応が遅くなり，作用電極上の反応が制限されてしまうため，補助電極の面積は十分に大きくする．

1.5 三種の神器 『作用電極・基準電極・補助電極』　　31

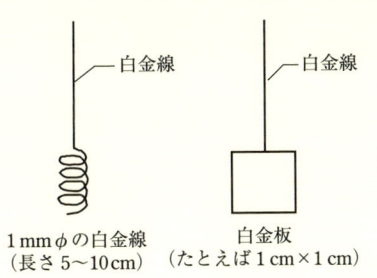

　　　　　白金線　　　　白金線

1 mmφの白金線　　　白金板
（長さ 5〜10 cm）　（たとえば 1 cm×1 cm）

図 1.13　補助電極としてよく使われる白金電極

1.6 三種の神器 『セルと試薬』

電気化学測定では,反応場を構成するものとして,電極のほか,電解セルと電解質にも十分に配慮しなければいけない.

1.6.1 電解セルの構成

三電極系の電気化学測定では,作用電極,基準電極,補助電極を測定液中におけばよい.そのため,ビーカーに測定液を入れ,3本の電極を入れても電気化学測定はできる.このタイプの電解セルが図1.14(a)で,一室型セルという.溶存酸素を除くため,不活性ガス(N_2,Arなど)の導入口と導出口をつけてある.この場合,同室内の作用電極と補助電極で互いに逆向きの電子授受反応が進むから,電流が大きいときや長時間測定では補助電極で生じた物質が作用電極に達し,注目する反応に影響しかねない.それを防ぐには,図(b)のように作用電極室

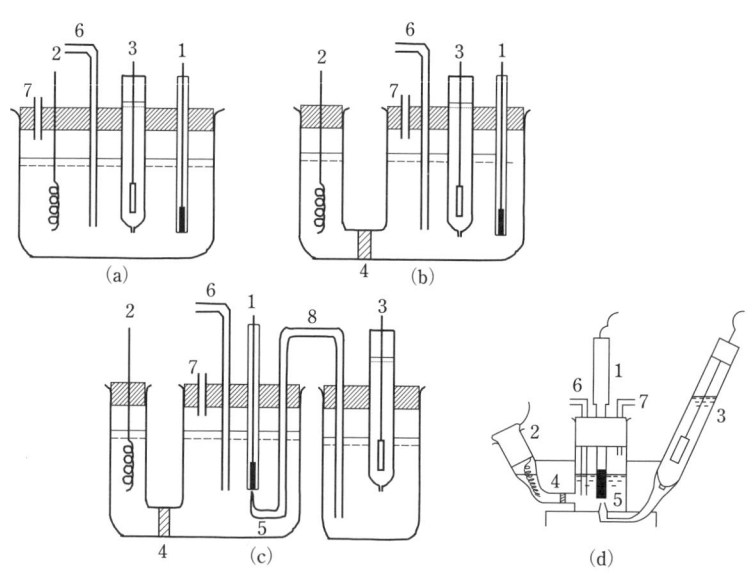

図1.14 電気化学測定用電解セルの典型例
　　1:作用電極,2:補助電極,3:基準電極,4:ガラスフィルター,
　　5:ルギン細管,6:ガス導入口,7:ガス出口,8:塩橋.

と補助電極室を分けた二室型セルを使う．両室はガラスフィルターで分け，電解液が混ざり合うのを防ぐ．ただし電解質イオンはガラスフィルターを通って自由に行き来できる．

1.6.2 塩橋とルギン細管

三電極系のボルタンメトリーでは，溶液抵抗 R_{sol} による電圧降下 iR_{sol}（i は電流）つまり IR ドロップ（1.8節V.項）をかなり小さくできるが，電流が大きいときや溶液抵抗が高いときは IR ドロップが無視できなくなる．基準電極の外液に塩橋（salt bridge）を浸し，その先端をルギン細管（Luggin capillary）とよばれる姿にして作用電極表面に近づけると，IR ドロップを減らせる．図1.14(c)はその形にしてあり，この場合の IR ドロップは，細管先端と作用電極との間の溶液抵抗による寄与分だけと考えてよい．平板電極の場合，ルギン細管の先端の直径が d なら，電極表面から $2d$ の距離まで細管を近づけてかまわない（さらに近づけると，電極表面での電流や電位の分布が乱れる）．

基準電極を測定液に浸すと，組成の違う溶液どうしが接するため，液-液界面にはいわゆる液間電位（差）(liquid junction potential) が生じる．液間電位の寄与を小さくするため，試料溶液に基準電極の電解質と同じ KCl を高濃度で共存させるか，第3の電解液相を挿入する．後者を塩橋とよぶ．イオン伝導性の液絡である塩橋には，陽イオンと陰イオンの移動度がほぼ等しい KCl，KNO₃，NH₄NO₃ などの濃厚溶液が適する．たとえば0.1 M HCl 水溶液と飽和 KCl 水溶液との液間電位差は1〜2 mV しかない．

塩橋は，基準電極先端とセル内の溶液が接して汚染しあうのを防ぐ役目もする．したがって，試料溶液に Cl⁻ が混入したらまずい場合や，K⁺ と支持電解質中の ClO₄⁻ が沈殿をつくる場合などには，KCl 以外の電解質を含む塩橋を使う．塩橋は，適切な電解質水溶液を寒天でゲル化したものや，ガラスフィルターつきガラス管に電解液を入れたものとする．そのとき，塩橋の挿入が液間電位をふやさないよう注意する．

ルギン細管を用いても除ききれない溶液抵抗を非補償溶液抵抗（uncompensated solution resistance, R_u）という．平板電極の場合，R_u は次式で見積もれる．

$$R_u = \rho x / A \tag{1.21}$$

x は電極表面からルギン細管先端までの距離，A は電極面積，ρ は溶液の比抵抗を示す．作用電極自身のもつ抵抗（微小電極の場合）や，作用電極とポテンショスタットをつなぐリード線の抵抗（大電流が流れる場合）なども R_u に含まれる．R_u は補償回路をもつポテンショスタットで補償でき，この方法は正帰還補償（positive feedback compensation）というが，完璧な補償はむずかしい．図 1.14(c) の電解セル系をコンパクトにすると図(d)になる．

研究目的に応じて，さまざまな大きさ・形状・材質の電解セルを使う．また，電気化学測定とほかの測定を併用するとき（電解中の界面を分光計測する *in situ* 分光電気化学測定など）は，電解セルの特別な工夫が必要となる．

1.6.3 試　薬

ある物質の電極反応を調べるときは，通常その物質をイオン伝導性媒質に溶かし，作用電極の電位か電流を制御する．そのためには，溶媒と，溶媒にイオン伝導性を与える支持電解質が必要となる．

a. 溶　媒

溶媒は次のようなものを選ぶ．
① 支持電解質をよく溶かし，イオン解離させる．
② 常温で液体であり，蒸気圧があまり高くない．
③ 粘度が高すぎない．
④ 毒性がなるべく低い．
⑤ 測定可能な電位範囲が広い．
⑥ 精製しやすい．非水溶媒なら，脱水法が確立されている．
⑦ 価格が手ごろ．

①では，溶媒分子の双極子モーメント，比誘電率，電子供与性，電子受容性が主要な要素となる．一般に，双極子モーメントや比誘電率が大きいほど電解質をよく溶かし，解離させる．電子供与性と受容性は，Gutmann のドナー数（DN）とアクセプター数（AN）がよい尺度になる．DN の大きい溶媒は陽イオンを，AN の大きい溶媒は陰イオンを強く溶媒和する．水は，双極子モーメント，比誘電率，DN，AN のどれも大きいため，電解質をよく溶解・解離させる．

⑤は電位窓のことで，支持電解質と電極の種類による．水の電位窓（約 2.5 V）

に比べて一般に有機溶媒の電位窓は広く，ニトロメタンやプロピレンカーボネートの電位窓は6～7Vもある．

b．溶媒の種類

電気化学で使う代表的な溶媒と性質を表1.4にあげた．いずれも極性分子性液体で，プロトン性溶媒（水，メタノール）と非プロトン性溶媒（AN，DMF，PC，DMSO，THFなど）に大別できる．非水溶媒にすると，水に溶けない物質や水中では不安定な物質が扱える．

c．支持電解質

支持電解質は次のような性質をもつのが望ましい．

① よく溶けてイオンに解離し（溶解度ほぼ0.1M以上），測定液にイオン伝導性（10^{-4} S cm^{-1} 以上）を与える．
② 酸化・還元を受けにくく，広い電位範囲で安定．
③ 入手しやすく，精製しやすい．
④ 目的とする電極反応を乱さない．

表 1.4 電気化学で用いられる典型的な溶媒とその物性

溶媒	融点 °C	沸点 °C	比誘電率 ε_r at 20°C	双極子モーメント μ/D	ドナー数 DN	アクセプター数 AN
アセトニトリル（AN）[1]	−43.7	81.8	37.5	3.44	14.1	18.9
N,N-ジメチルホルムアミド（DMF）[2]	−60.3	153.2	36.71	3.86	26.6	16.0
炭酸プロピレン（PC）[3]	−48.8	241.9	66.1	4.98	15.1	18.3
ジメチルスルホキシド（DMSO）[4]	−18.4	189.2	46.68	3.96	29.8	19.3
テトラヒドロフラン（THF）[5]	−108.3	66.2	7.58	1.75	20.0	8.0
ブチルラクトン[6]	−43.4	204.0	39.0	4.12		18.6
ジメチルエーテル[7]	−141.5	24.8	5.02	1.28		
ジクロロメタン[8]	−94.9	39.6	8.65	1.14		
ピリジン[9]	−41.6	115.3	12.4	2.37	33.1	14.2
メタノール	−97.5	64.9	32.70	2.87	19.0	41.3
水	0.0	100.0	87.74	1.92	18.0	54.8

[1] $CH_3-C\equiv N$ [2] $(CH_3)_2N-CH=O$ [3] プロピレンカーボネート構造 [4] $(CH_3)_2S=O$

[5] テトラヒドロフラン環 [6] γ-ブチロラクトン環 [7] CH_3-O-CH_3 [8] CH_2Cl_2 [9] ピリジン環

支持電解質の濃度や解離度が低いと溶液抵抗が大きく，IR ドロップが大きくなる．また，電極反応種がイオンの場合には泳動電流（migration current）の問題が生じる．すなわち，支持電解質の濃度がイオン性反応種の濃度より十分に高くないと，反応種の電極表面への移動が（拡散のほか）泳動によっても起こり，拡散だけによる電解電流とは異なってくる．こうした問題を避けるため，支持電解質の濃度は反応種のおおむね 50 倍以上にする．

水中と有機溶媒中でよく用いる支持電解質を表 1.5 に示す．有機溶媒に使える支持電解質の種類は，一般に水溶液のときよりも少ない．

表 1.5　水および非水溶媒に使える支持電解質

	電極還元用	電極酸化用
水	MX，MClO$_4$[*1]，R$_4$NX	M$_2$SO$_4$，MClO$_4$[*1]
非水溶媒	MClO$_4$，R$_4$NX，R$_4$NClO$_4$	LiClO$_4$，LiBF$_4$，LiPF$_6$
	R$_4$NBF$_4$，R$_4$NCF$_3$SO$_3$	R$_4$NClO$_4$，R$_4$NBF$_4$
		R$_4$NPF$_6$，R$_4$NCF$_3$SO$_3$

M：Li$^+$，Na$^+$，K$^+$，Rb$^+$，Cs$^+$，NH$_4^+$　　X：Cl$^-$，Br$^-$，I$^-$
R$_4$N$^+$：テトラアルキルアンモニウムイオン（R＝CH$_3$，C$_2$H$_5$，C$_3$H$_7$，C$_4$H$_9$ など）
[*1] KClO$_4$ は溶解度が小さいため不適．

1.7 さあ実験だ！

この節では，実際に簡単な反応を行いながら，測定方法のあらましと，何が観察され，どんな現象が起きているかを眺めよう．

電気化学でよく扱う反応に，ヘキサシアノ鉄(III)イオン($[Fe(CN)_6]^{3-}$)やヘキサシアノ鉄(II)酸イオン($[Fe(CN)_6]^{4-}$)と電極との間の電子授受がある．

$$[Fe(CN)_6]^{3-} + e^-(電極) \rightleftharpoons [Fe(CN)_6]^{4-} \tag{1.22}$$

グラッシーカーボンを電極とし，電気化学で多用するサイクリックボルタンメトリー(CV)という測定法でこの反応を観測しよう．

1.7.1 電極と溶液の準備

直径が数mmの円柱状グラッシーカーボンをプラスチック（テフロンなど）に埋め込んだディスク状電極を購入するか，グラッシーカーボンを購入してガラスやプラスチックの管に通し，すき間をエポキシ樹脂などで埋めて作用電極とする(1.5.5項)．電極を目の細かい紙やすりで磨き，蒸留水ですすいだ後，研磨用パッド上で，アルミナ懸濁液を用いて研磨する．厳密な測定を行うわけではないので，操作にはそれほど気を使わなくてよい．最後に蒸留水ですすぎ，使うまで蒸留水中に浸けておく（外に出しておくと，空気中の汚れを吸着しやすい）．

基準電極は市販の銀-塩化銀電極（Ag｜AgCl）を使う．内部液が十分あり，KClで飽和している（結晶が析出している）のを確かめる．自作してもよいし，飽和カロメル電極（SCE）を用いてもよい．使用する前に水でよくすすぐ．

補助電極は10cmほどの白金線をらせん状に巻いて用いる．白金の網（メッシュ）でもよい．厳密な測定を行うのでなければ，アセトンなどで油分を落とし，蒸留水でよくすすぐだけでよい．

電解セルを用意する．専用のセルを購入してもよいが，100mLビーカーでも用は足りる．洗剤で洗った後，蒸留水でよくすすぐ．

電解液は，支持電解質の硫酸ナトリウム（Na_2SO_4）（特級）を二次蒸留水に0.2M（M：$mol\ dm^{-3}$）で溶かしたものを使う．また，$0.2M\ Na_2SO_4$と$1mM\ K_3[Fe(CN)_6]$の両方を含む溶液も調製しておく．

1.7.2 装置などの準備

電解セル（ビーカー）に $0.2\,\mathrm{M}\,\mathrm{Na_2SO_4}$ と $1\,\mathrm{mM}\,\mathrm{K_3[Fe(CN)_6]}$ を含む溶液を $50\,\mathrm{mL}$ 入れ，作用電極，基準電極，補助電極を浸す（図 1.15）．基準電極はなるべく作用電極の近くにおくが，この実験ではあまり気にしなくてよい．実験用スタンドやアームなどで電極が動かないように固定する．電極どうしが接触しないよう注意する．

次にポテンショスタットやレコーダーの配線をする．説明書を見ながら各電極をポテンショスタットにつなぐ．作用電極用のコードが2本ある場合，どちらを下にするかは説明書に従う．ポテンショスタットの出力端子を X-Y レコーダーにつなぐ．電位は X 軸，電流は Y 軸に出力する．通常，電位はそのまま直流電圧として出力され，作用電極の電位が $0.5\,\mathrm{V}$ $vs.$ $\mathrm{Ag}\,|\,\mathrm{AgCl}$ なら出力端子間の電圧は $0.5\,\mathrm{V}$ となる．電流は，ポテンショスタットの電流レンジのフルスケール値が $1\,\mathrm{V}$ として出力され，電流レンジが $0\sim1\,\mathrm{mA}$ に設定してあるとき，電流が $1.0\,\mathrm{mA}$ なら出力端子間の電圧は $1.0\,\mathrm{V}$，$-0.3\,\mathrm{mA}$ なら出力電圧は $-0.3\,\mathrm{V}$ となる．ただしポテンショスタットの機種によってはこの限りではない．

レコーダーは，サーボスイッチをオフ，ペンはアップ，測定スイッチはオフにしておき，電源を入れる．次いでグラフ用紙を固定する．X 軸と Y 軸の感度は $0.1\,\mathrm{V\,cm^{-1}}$ 程度にしておく．このとき電流が $0\sim1\,\mathrm{mA}$ のレンジなら，出力は上述のように $1\,\mathrm{mA}$ あたり $1\,\mathrm{V}$ なので，グラフ上の電流スケールは $1\,\mathrm{m\,A\,V^{-1}}\times$

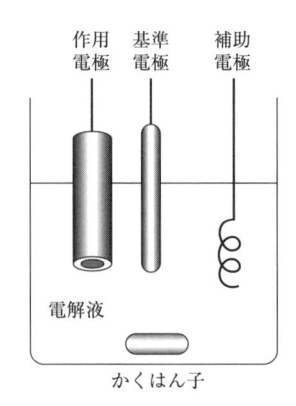

図 1.15 電解セルと電極

$0.1\,\mathrm{V\,cm^{-1}} = 0.1\,\mathrm{mA\,cm^{-1}}$ となる．測定中，必要に応じて感度を切り換え，同様に電流スケールを算出する．

次に，ポテンショスタットの電流レンジを最大値（最低感度），電位レンジがある場合は1Vまたはそれ以上の値にセットし，電極に電位がかからない状態（機種によるが"スタンバイ"など）にしてから電源を入れる．機種によっては電源を入れてから安定するまでに数分～数十分かかる．

1.7.3 自然電位の測定

さてここからが実際の測定となる．まずは自然電位（開回路電位）をはかる．通常のポテンショスタットは自然電位を測定するモードがあるので，説明書に従って測定する．この電位から酸化体と還元体（いまの場合は $[\mathrm{Fe(CN)_6}]^{3-}$ と $[\mathrm{Fe(CN)_6}]^{4-}$) のおよその比率がわかる．

標準状態，つまり酸化体と還元体の活量がともに1のとき，$[\mathrm{Fe(CN)_6}]^{3-/4-}$ の酸化還元にかかわる電子と電極中の電子のエネルギーのようすを単純化して示すと図1.16(a)になる．溶液中の○が還元体 $[\mathrm{Fe(CN)_6}]^{4-}$ を表し，軌道（＿）に電子（○）が入っているようすを示す．一方＿は酸化体 $[\mathrm{Fe(CN)_6}]^{3-}$ を表し，軌道に電子が入っていないようすを示す．この状態では，還元体から電極への電子移動（式(1.22)の左方向への反応）と電極から酸化体への電子移動（同じく右方向への反応）がともに起きているが，両向きの速度がつり合っている（平衡状態）ため反応が起きていないように見える．このときの電位が前述の標準電極電位にほかならない．

ここで還元体の濃度を高く，酸化体の濃度を低くすれば，注目している軌道に入った電子の数がふえ，電子のエネルギーが高くなる（図1.16 (b)）．電子はよりエネルギーの低い状態へ移ろうとするので，電極へ電子が移り（式(1.22)の反応の平衡が左に傾き），それだけ電子のエネルギーは高くなる（電極電位が負側へずれる）（図(c)）．$[\mathrm{Fe(CN)_6}]^{3-/4-}$ と電極がもつ電子のエネルギーが等しくなると電極電位は一定となる．このとき移動する電子の量は通常わずかなので，酸化体と還元体の濃度変化は無視できる．

酸化体の活量を高くすれば逆のことが起こる（図(d),(e)）．したがって，自然電位が式(1.22)の標準酸化還元電位（約 $0.16\,\mathrm{V}$ *vs.* $\mathrm{Ag\,|\,AgCl}$）より十分に正な

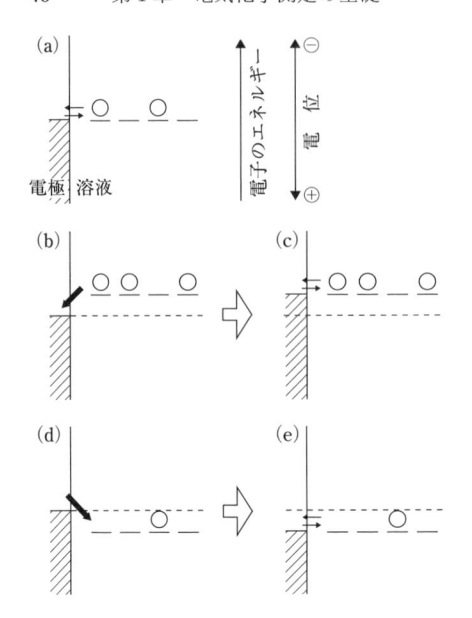

図 1.16 開回路状態における，酸化体・還元体の活量比と自然電位，電子移動速度との関係
(a) 活量が等しい場合
(b → c) (a)の状態から，還元体の活量を大きく，酸化体の活量を小さくした場合
(d → e) (a)の状態から，酸化体の活量を大きく，還元体の活量を小さくした場合

ら，溶液中に酸化体が多く存在する．詳細はネルンストの式に関する解説(2.2節)を参照されたい．

1.7.4 サイクリックボルタンメトリー

次に CV 測定を行う．CV 測定では，作用電極の電位を正や負の方向に変化させつつ（電位走査．掃引・スキャンともいう），ある物質を電極上で酸化したり，再び還元したりすることにより，どんな電位で，どのような速度の反応が進むかを観測する(詳細は 2.4 節)．

ポテンショスタットを電位制御モードにし，繰り返し走査に設定する．次いで，電位走査の範囲や速さを決め，ポテンショスタットに入力する．まず，走査を始める電位（初期電位）を設定するが，ここでは，すでに測定した自然電位を入力する（およその値でよい）．

次いで，電位をそこから正方向に走査するか，負方向に走査するかを決める．この溶液は酸化体を含み，まずはその還元反応から観測するので，負方向へ走査を始めるのがよい．ただしこの系では正方向に走査してもとくに問題はない．走査範囲は $-0.25\,\mathrm{V}$ と $0.8\,\mathrm{V}$ *vs.* $\mathrm{Ag}\,|\,\mathrm{AgCl}$ とし，走査速度は $50\,\mathrm{mV\,s^{-1}}$ にしてお

く．なお，ポテンショスタットに電位走査の機能がついていない場合は，ファンクションジェネレーターを接続して電位を走査する．

次に，レコーダーのサーボスイッチを入れてペンが水平に動くようにする．グラフ用紙の中央から少し左よりを原点（0 V *vs.* Ag｜AgCl と 0 A に対応する位置）と決め，そこにペンを移動させ，ペンを下ろして印をつけたあとまたペンを上げ，測定スイッチをオンにする．

ポテンショスタットから電極に電位がかかるようスイッチを切り換える（機種によるが，たとえば"オペレーション"にセット）．これで初期電位の値が作用電極に加わる．ペンが X 軸方向に動き，初期電位の位置（初期電位が 0.4 V で，レコーダーの X 軸感度が $0.1\,\mathrm{V\,cm^{-1}}$ なら，原点から右へ 4 cm）にくるのを確認する．初期電位が自然電位に等しければ電流はほとんど流れないはずだが，少し負側にあれば還元電流が流れる．ポテンショスタットの電流レンジを高感度側に切り換えていき，電流がほぼゼロになるまで数秒〜数分間待つ．その後，電流レンジを最低感度に戻し，測定開始後に電流値がレンジをオーバーしないようにする．電流値が予測できる場合は，この時点で適切なレンジに設定しておいてもよい．

次に，ポテンショスタットを操作して電位走査を始めると，ペンは X 軸方向に動く．いまは負側に走査を始めるよう設定してあるため，ペンは左へ動くはずである．次いでポテンショスタットの電流感度を徐々に上げ，電流がレンジをオーバーしない範囲で最大の感度を探す．1,2 サイクルもすれば適当なレンジが見つかる．必要なら，レコーダーの Y 軸の感度も調節し，適当な範囲でペンが動くようにする．

ポテンショスタットとレコーダーのレンジが決まったらペンを下ろし，グラフを書かせる．これでサイクリックボルタモグラム（CV 曲線）が描かれる．数サイクル繰り返し，ほぼ一定のグラフが描かれるようになったら，ペンを上げて電位走査を止め（自然電位付近で止めるのが理想だが，あまり気にしなくてもよい），電極に電位がかからないようポテンショスタットを切り換える．

CV 曲線はおおよそ図 1.17(a) の形になっているはずである（この図は 1 サイクル目から記録）．電流値は電極の面積で異なる．

1.7.5 ファラデー電流

図1.17(a)を眺めよう．自然電位はおよそ0.4 V *vs.* Ag｜AgClで，この電位付近では電流はあまり流れない．この状態は図1.18(a)に対応する．電位を徐々に負側にすると，電極内の電子のエネルギーが高まって，電極から酸化体（$[Fe(CN)_6]^{3-}$）への電子移動が徐々に速くなり，還元電流（負の電流）がふえる（図1.18(b)）．電位が負になるにつれて電子移動はさらに速くなるが，やがて電極近傍の $[Fe(CN)_6]^{3-}$ は大半が $[Fe(CN)_6]^{4-}$ に還元されて電子の受け手が減り，$[Fe(CN)_6]^{3-/4-}$ の電子のエネルギーも高くなるため，還元電流は減っていく（図1.18(c)）．こうして，還元電流のピークが形成される．

電位走査を折り返し，正方向へ走査を始めると，電極付近にたまっていた還元体から電極への電子移動が起こり（図1.18(d)），酸化電流（正の電流）が流れる．電子移動が進行してほとんどが酸化体に戻ると，やはり酸化電流が減って（図1.18(a)）酸化ピークを形成する．詳しくは2.4節を参照されたい．

このように，酸化還元反応に基づき，電極界面を電子が通過することにより流れる電流をファラデー電流とよぶ．

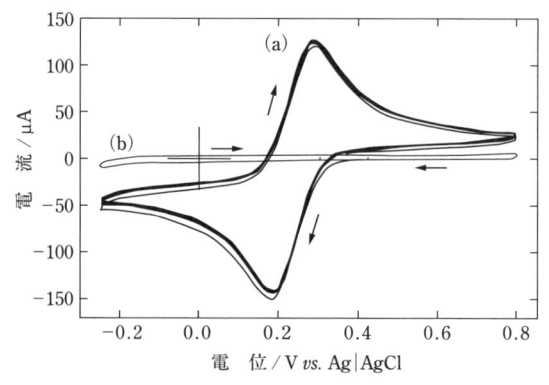

図 1.17 0.2 M Na$_2$SO$_4$ 水溶液中でグラッシーカーボン電極を用いて測定した CV 曲線
(a) 1 mM K$_3$[Fe(CN)$_6$] を含む場合 (b) 1 mM K$_3$[Fe(CN)$_6$] を含まない場合
電位走査速度は 50 mV s^{-1}．

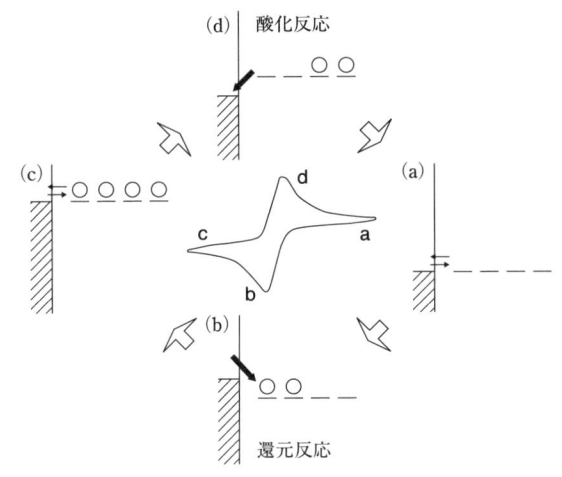

図 1.18 CV 測定中の電極電位と酸化体・還元体の活量，電子移動速度の関係

1.7.6 バックグラウンドの測定

次にバックグラウンドの測定を行う．厳密な測定のさいは，バックグラウンド測定を先に行ったほうがよい場合も多い．

作用電極，基準電極，補助電極を取り出して蒸留水ですすぎ，電解セルもよくすすいで $[Fe(CN)_6]^{3-/4-}$ を完全に除く．次いで $K_3[Fe(CN)_6]$ を含まない $0.2 M$ Na_2SO_4 水溶液を電解セルに $50 mL$ 入れ，電極をセットする．

先ほどと同様にして測定を行うが，ポテンショスタットやレコーダーの電流感度も同じにしておく．こうすれば，$[Fe(CN)_6]^{3-/4-}$ がある場合とない場合の CV 曲線を比べやすい．こうして，図 1.17(b) のようなグラフが得られる．

1.7.7 非ファラデー電流

図 1.17(b) を見ると，電位を正方向に走査しているときは正の，負方向に走査しているときは負の電流が常に少し流れている．これは電極表面にある電気二重層の充電電流(1.1 節)を表す．たとえば電位を負方向に一定値だけ変化させると，電極に電子が供給されるが，その電子は負電荷をもっているので，電極表面近くの溶液中の陽イオンを引きつける．こうして電流が少し流れてすぐ止まるが，二

つの電極を向かい合わせたキャパシター（コンデンサー）の充電に似て，電子は電極と溶液の界面を通り抜けない．こうして流れる電流を非ファラデー電流とよぶ．CV では，電極電位を少しずつ変化させ続けるので，常に少しずつ電流が流れる．図 1.17(a) でも，ファラデー電流に非ファラデー電流がわずかながら重なって流れている．

なお，約 $-0.2\,\mathrm{V}$ *vs.* Ag｜AgCl より負の電位で還元電流が増えているのは，溶存酸素の還元によるファラデー電流を示す．

1.7.8 実験終了

実験が終わったら，ポテンショスタットを操作して電極に電位がかからない状態にし，電流レンジを最大にしてから電源を切る．レコーダーは，サーボスイッチをオフ，ペンはアップ，測定スイッチはオフにして電源を切る．電極類はよくすすぎ，セルもよく洗浄して保管する．基準電極は，内部液と同じ塩の溶液につけておく．

コンピュータ制御のポテンショスタットも，レコーダーが分離していないこと，レンジ調節が自動であることなどを除けば，操作はほぼ同様である．

1.8 電気化学の実験と研究のポイント A to Z

1.8.1 基礎編 『よくある落とし穴』

どんな実験でもそうだが，電気化学測定にも注意すべき点は多い．そのうち，初心者が陥りやすい間違いや注意点などをまとめた．

A. 配線は正しいか？

ポテンショスタットから作用電極，基準電極，補助電極につなぐさいは，おのおの専用のクリップ付きリード線を使う．それを間違えると正しく測定できないし，基準電極から泡が出たり，電極が変質することもある．リード線は色分けされているが，メーカーによって色分けが異なるので説明書をよく読もう．また，クリップがさびていると接触不良を起こすから，やすりでさびを落としてから使う．なお，クリップや電極どうしが接触しないように注意する．

B. ポテンショスタットやレコーダーの設定に問題はないか？

電位制御（ポテンショスタット）モードと電流制御（ガルバノスタット）モードを間違えたり，電位の設定を1桁間違えたり，ポテンショスタットからレコーダーへの配線を忘れたり，レコーダーの測定スイッチを入れ忘れるなど，ごく初歩的な間違いも多い．機器の故障を疑う前にまず自分を疑う．

C. アースにはつないでいるか？

ポテンショスタットやレコーダーのアース端子を接地していないと，ノイズを拾う場合がある．

D. 電源に問題はないか？

電力使用量の大きい建物では，電源電圧が不安定になって測定に影響する場合がある．そういうときは安定化電源などを用いる．また，電源からノイズが侵入しそうなら電源用のフィルターを使う．

E. 作用電極の表面は汚れていないか？

電極の表面に汚れが残っていると，反応がうまく進まなかったり，汚れ自体が反応して余計な電流が生じたりするほか，IR ドロップ（後述，1.6節も参照）の原

因にもなる．

F．作用電極の面積は決まっているか？

正確な測定を行うなら電極面積は一定でなければならない．むき出しの白金線を電解液につけた場合，リード線にさわるだけで電解液に漬かった部分の面積が変わり，電流値が変わってしまう(図1.19)．シリコーンシーラントなどの絶縁材料で覆い，常に面積が一定となるようにする．板状電極の場合は，裏面や側面も覆ったほうがよい．

G．基準電極に問題はないか？

基準電極は内部液が枯渇しやすい．そうなると電位は正しくはかれず，ノイズも生じる．内部液は適切な塩で飽和させ，塩が析出した状態で使う(1.5節)．さもないと，液が侵入して内部液が薄まったときに電位が変動してしまう．基準電極を長期間使っていると電位がずれてくることがあるので，信頼できる基準電極との電位差をときどき確かめる．測定時には，IR ドロップを減らすため，基準電極はなるべく作用電極に近づける．

H．補助電極に問題はないか？

補助電極の面積が小さすぎると，そこでの反応が律速となり，作用電極での反応を抑えることがあるので，網状の電極や表面があらい電極（白金黒など）を用いるとよい．また，電流値が大きいとき，電解液の量が少ないときなどは，補助電極での反応が pH や電解液組成を変え，測定に影響する場合がある．こうした問題を避けるには，塩橋や液絡で補助電極室と作用電極室を分け，液がなるべく

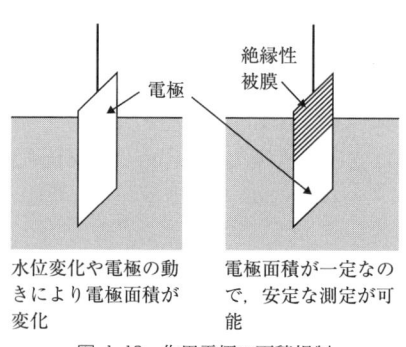

水位変化や電極の動きにより電極面積が変化

電極面積が一定なので，安定な測定が可能

図 1.19　作用電極の面積規制

混ざらないようにする(1.6節).

I. 支持電解質の濃度は十分か？

　支持電解質の濃度が低いと IR ドロップが生まれ，電位が正しくかからない．たとえば基準電極に $1.0\,\mathrm{V}$ の電位をかけたつもりでも，実際には $0.9\,\mathrm{V}$ しかかかっていない恐れがある．通常の測定では $0.1\,\mathrm{M}$ 以上，電池や電解合成のように大電流を流す場合はさらに高い濃度とするのが望ましい．

J. 支持電解質は溶解・解離しているか？

　支持電解質が溶媒に溶け，さらにイオン解離していなければ，電解液として機能しない．水溶液なら，溶けさえしていればよいが，非水溶液の場合には解離にも注意する．溶媒はなるべく誘電率の高い（イオン解離しやすい）ものを使う．必要なら電解液のイオン伝導率をはかって確かめる(3.3節).

K. 酸化還元種が溶けているか？

　測定したい酸化還元種が電解液に溶けていなければ，その反応を観測できない．溶液が濁っている場合，すべて溶けてはいないので正確な濃度はわからない．とりわけ希薄溶液の場合，本当に溶解しているかわかりにくいので要注意．

L. 酸化還元種が電解液と反応しないか？

　酸化還元種が溶媒や支持電解質と反応（酸化還元や錯形成など）してしまうと，望み通りの反応が進まないこともある．そういう恐れのあるときは，溶媒や支持電解質を変えてみるのがよい．

M. 電解液が電極と反応しないか？

　支持電解質や溶媒が電極上で酸化還元されるときや，電極に強く吸着したり電極を腐食するときは，目的の反応が観測しにくい．電極の種類にもよるが，水溶液ではほぼ $0\,\mathrm{V}$ から $1\,\mathrm{V}$ $vs.$ SHE までの範囲しか測定できない．その外で測定したいときは，慎重に電極材料を選んだり，非水電解液を用いることになる．

N. 不純物は含まれていないか？

　溶媒，支持電解質，酸化還元種が不純物を含んでいると，予想外の反応が起きたりするので，なるべく純度の高いものを購入し，必要に応じて精製する．水はイオン交換，蒸留などで精製する．有機溶媒は蒸留，支持電解質は再結晶などで

精製するが，かえって汚してしまうことも多いので注意したい．

O．酸素による影響はないか？

電極や条件にもよるが，約 0 V *vs.* SHE より負の電位では酸素の還元が進む．また，酸素はさまざまな物質を徐々に酸化する．これらの問題を避けるには，窒素やアルゴンなどを電解液に 10～20 分ほど流し（バブリング），溶存酸素を除く．その後，電解セルの気相に不活性ガスを流し続けるとよい．ただし流量が多いと電解液の対流に影響して電流値が変わることもある．ガスの出口（大きすぎると酸素が混入する）や，電解液の蒸発にも注意しよう．使う溶媒で飽和したガスを流せば，蒸発も少ない．

P．水の影響はないか？

非水系の測定では水の混入で結果が変わることも多い．必要に応じて溶媒や支持電解質を精製する．リチウム電極のように，わずかな水や酸素，窒素とでも反応してしまう場合はグローブボックスを使い，乾燥した不活性雰囲気下で実験を行う．詳細は 3.1 節参照．

Q．温度や振動の問題はないか？

反応速度は溶液の温度で変わる．また，液温や室温，湿度，振動が溶液の対流のようすを変え，反応物質の電極表面への輸送速度などに影響し，電流値を変える場合もあるので，これらはなるべく一定に保つ．

R．塩橋・液絡に問題はないか？

塩橋・液絡に空気などが入っていると，イオンが動けず，本来の機能を果たさない．多孔性ガラスなどは，両側から同時に液を入れると間に空気が残りやすいので，まず片側から液を入れ，反対側から液が出てきたのを確認してからそちら側にも液を入れる．寒天などを使う塩橋も気泡が入らないよう注意する．また，塩橋から漏れる物質が電解セル内の液を汚染しないよう注意したい．寒天が崩れていたり，多孔性ガラスの孔が大きすぎると，液が混ざってしまう．また，前の実験に使った酸化還元物質などが残っている恐れもあるので，よく洗ってから用いる．

S. バックグラウンドを測定したか？

上記のように，電極表面や電解液中の不純物などが予期せぬ反応をしたり，溶媒の反応，支持電解質イオンの反応，イオンの吸着や脱着，電極自体の反応などが起きたりする．このため，CV曲線などに余分なピークが現れ，それを目的の反応と誤解してしまうことがある．したがって，測定したい酸化還元種が存在しないときのデータ（バックグラウンド）もとり，比べる必要がある（図1.20）．

T. ノイズフィルターの設定に問題はないか？

ポテンショスタットが内蔵するノイズフィルターは通常，応答を遅らせてノイズを除くため，変化の遅い測定には使えても，変化の速い測定（ポテンシャルステップ法や高速ボルタンメトリー法など）には適さない．フィルターをかけたときノイズ以外の挙動まで変わるようなら，フィルターは外す．

U. 安全に注意を払っているか？

非水溶媒や酸化還元物質のうちには毒性をもつものもあるので注意する．見落としがちなのは，不活性ガスを流しすぎて酸欠になる，反応に伴って一酸化炭素などの有毒ガスが発生する，といった点である．また，水銀電極を用いる場合，その蒸発や廃棄処理などにも注意しよう．

1.8.2 応用編 『研究者への道』

さらに高度な測定や，まったく新しい系の測定を行うときは，相応の注意や心がけが必要となる．以下にはそうしたポイントをまとめた．

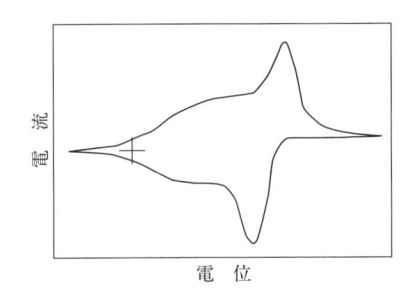

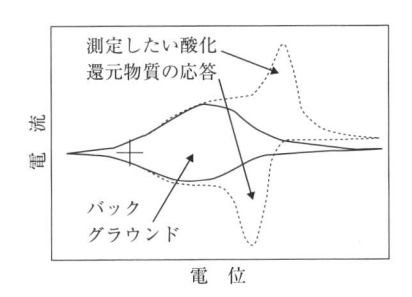

図1.20 サイクリックボルタモグラム（左）とそのバックグラウンド応答（右）の例
通常の系でバックグラウンド応答はもっと小さい．

V. *IR* ドロップに気をつける

IR ドロップについてはすでに何度か注意を述べたが，注意点はほかにもある．薄膜電極や，電気伝導性の低い電極，大電流を流す電極の場合，通常のリード線を用いるだけでは電極電位をはかりにくいことがある．そんなときは図1.21のように，電流を流すためのリード線と，電位測定のためのリード線をべつべつに設けるなどして，*IR* ドロップの影響を抑える．

また測定系の都合上，使う電解液のイオン伝導率が低くなってしまうこともある．そのとき溶液抵抗に起因する *IR* ドロップが生じる(図1.22)．この場合，1.6節に述べたルギン細管を使って，基準電極をできるだけ作用電極に近づける．また，作用電極の面積を小さくして電流値を落とす方法もある．

IR ドロップが大きい場合，基準電極と作用電極の間の電位差はポテンショスタットの操作範囲内に入っていても，溶液抵抗に起因する電圧が作用電極と補助電極の間にかかる．つまりポテンショスタットには非常に高い電圧を出力できる能力が求められる．こうした状況は，補助電極の面積が小さすぎて補助電極近傍に *IR* ドロップが生じる場合にも起こる．そういう状況が予想されるときは，補助電極–作用電極間の電位差をはかり（電圧計で直接はかればよい．ポテンショスタットの機種によってはスイッチで簡単にはかれる），ポテンショスタットが誤作動していないのを確かめる．

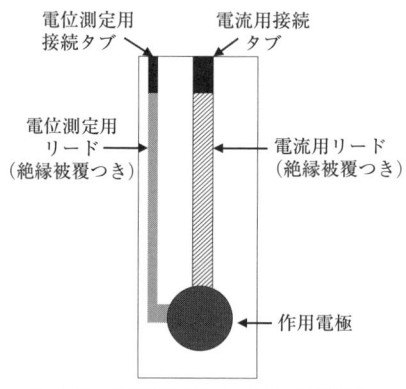

図 1.21 電位測定用リードと電流用リードを分けた薄膜電極の例

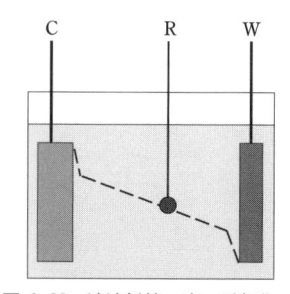

図 1.22 溶液抵抗の高い電気化学系における電位勾配
図中の破線は電位勾配．
W：作用電極，R：基準電極，C：補助電極．

W. 測定結果にノイズがのる場合

電気化学測定では，結果にノイズがのることが多く，ゼロ点がずれてバイアスがかかってしまうこともある．電源ラインにノイズがある場合，ノイズフィルターを使い，すべての機器のアース端子を接地する．電磁波に由来するノイズなら，ファラデーケージというシールドボックスを用い，ポテンショスタットの測定用グラウンドに接地する．ポテンショスタットを無用に大きな電流レンジにしていないのを確かめ，またレコーダーの増幅率が大きすぎないことを確かめる．ポテンショスタットと電解セルの間のケーブルを短くし，またシールド線を用いてファラデーケージに接地する．

ログ(対数)コンバーターを使ったり，交流インピーダンス法のとき周波数分散測定機などで電流と電位の応答を変換する場合，電流や電位の出力は直接測定者が見ないことがある．このような場合はよく注意したい．たとえば交流インピーダンス法で，適切な電流レンジより小さなレンジを選んだ場合，正弦波状の電流出力の最大値近辺でポテンショスタットの応答限界を超えることがある．その場合，正弦波となるべき電流波形は矩形波状になってしまうが，保護回路などの過負荷ランプが点滅しないことがある．これでは交流応答を正確には測定できない．こうしたエラーを避けるため，高速電位走査や交流印加のさいにはオシロスコープで電位と電流の出力波形を確かめよう．またオシロスコープを使えば，特定周波数のノイズ，とりわけ 50 Hz や 60 Hz の電源ノイズを見つけやすくなることも多いので，ぜひオシロスコープを手元に準備しておきたい．

X. 測定セルの温度は電気化学測定に影響する

一般の化学反応と同じく，電気化学反応も温度の影響を受ける．1.5 節で述べた通り，教科書などにのっている基準電極の電位は標準状態の値で，電極電位も(ネルンストの式の温度項からわかるように) 温度で変わる．基準電極に使う KCl などの飽和溶液も温度で濃度が変わる．そのため，常温とは異なる環境で測定するときはこれらの点をよく考慮し，他の系と比べるさいや，学会発表・論文発表でデータを公表するさいにも十分に注意したい．

Y. 予想通りの反応を測定しているか？

電気化学では，電位変化や反応電流，電位変化による電流応答などを測定する．測定している電気（電子）には色もにおいもないので，電流が何の反応から発生したものか，電位変化が何を意味しているのか，測定結果だけではわからないことが多い．このため生成物の分析やその場測定など，他の測定手法を併用したり，似た系の結果を考え合わせたりして，扱う反応や反応場をよくつかんでおく必要がある．

Z. 新しい研究に電気化学測定を利用するために

ここまでで電気化学測定の基礎がほぼつかめたと思う．本章を頭におきながら2章以降を読み，測定法それぞれの例題実験を行えば，自分なりに測定を進められるだろう．しかし学術研究や開発研究では実験の手引き書はない．新しい材料や反応を研究したいとき，実験パラメーターや測定セルは各自で工夫しなければいけない．

たとえば新しい反応を見つけたとき，電流値や変化量は文献に記載されていない．かつてない小さな電極を用いたときの応答は，予測と異なるかもしれない．高温や低温，高圧などの環境下ではどうなるのか？ そういう新しい反応系や環境で電気化学測定を行うさいは，以上の注意点をよく考えていただきたい．

新たな反応系や測定法を試みるのは，研究者にとって楽しみである．しかし，うまく結果がでなかったり予想外の結果が得られたりすることも多い．電気化学測定は手軽に行える半面，結果と反応を結びつけることは必ずしも容易ではない．いろいろな状況・要因をよく考えて，実りある測定を行うようにしよう．

第2章

基礎的な測定法

執 筆 者

板垣　昌幸	東京理科大学理工学部
内田　裕之	山梨大学工学部
岸岡　真也	長岡技術科学大学工学部
北村　房男	東京工業大学大学院総合理工学研究科
立間　　徹	東京大学生産技術研究所
西方　　篤	東京工業大学大学院理工学研究科
馬飼野信一	神奈川県産業技術総合研究所
山田　明文	長岡技術科学大学工学部
渡辺　政廣	山梨大学クリーンエネルギー研究センター

(五十音順)

2.1 はじめに

　電気化学測定法の教科書や解説を読んだがどうもよくわからない……．初心者にとって複雑な式や理論面の解説はなかなか理解しにくいものである．本章では，基本的な電気化学測定法をとりあげ，実習を通して学べる構成にした．むずかしい理論に頭を悩ませる前に，できるだけ単純な電極系を例に，具体的な測定の仕方や注意点を述べ，ともかく実際に手を動かしていだたく．そして測定データを見ながら，なぜそうなるのか，データから何がわかるかなどをQ&A形式で解説しよう．

　電気化学計測で扱うパラメーターは，基本的に電位と電流の二つしかない．電位は反応を起こすためのエネルギーで，電流は反応速度を表す．両者にどんな因果関係があるのか，時間とともにどう変化していくのかを調べる．そのとき，一方のパラメーターを制御しながら，もう一方の応答を計測する．このため，電気化学測定法は電位規制法と電流規制法に大別でき，いま利用されている基礎的な手法のほとんどは電位規制法に属する（2章で紹介する手法も，クロノポテンショメトリーを除けばすべて電位規制法になる）．

　物理の電気回路実験なら，抵抗体の両端に電圧をかければオームの法則に従って電流が流れる．それだと話は簡単だが，電極系はそう単純なものではない．複雑にしている要因はいくつもあるが，まず第一に，電極界面で進む電子授受反応では，オームの法則のように加えた電圧と反応速度（電流）が比例するわけではなく，一般に反応の速さは電圧の指数関数で変わる．

　しかも厄介なことに，実際に測定をしてみると，電流と電圧の指数関数関係は，特定の実験条件下，しかもごく狭い電圧範囲だけで観測されることが多い．なぜか？　それは，電気化学反応が電極表面で進む不均一反応だという事情に起因する．フラスコ内で進む均一反応のように，活性化エネルギーを越せるエネルギーを得た反応種どうしが出会えばフラスコ内のどこでも進むのとは違って，電子授受の進む場は電極表面に限られる．そのため，反応種をその舞台まで運び，反応がすんだら生成物を速やかに溶液中へ運び去らなければ反応は続かない．したがって，電圧というエネルギーをいくら外から与えても，こうした動き

がスムーズに進まないと電流は思ったようには流れてくれない．

このように電気化学反応は，電極表面での電子移動と，反応種をそこまで運ぶ(または生成物をそこから運び去る)物質移動(物質輸送)という二つの因子に支配されている．二つは直列の関係にあるため，全体の速さはどちらか遅いほうで決まる．各種の電位規制法や電流規制法は，これら二つの支配因子をどう実験的に区別すれば扱えるかという課題に対する回答だといってもよい．

所定の方法で実験すれば，何らかの答えが返ってくる．このとき，"こういう場合はこうなるはずだ"という理論式が各測定法にはあり，それと結果をつきあわせることによって，行った実験が本当に正しかったか，また結果が何を物語っているのかをさらに深く理解できる．たとえ結果が理想から遠かったとしても，それなりの理由があるはずである．それを解明するには，まず各測定法の"理想的なふるまい"をつかんでおかなければいけない．

実践編に出てくる測定法は，名前こそ違っていても本章で紹介する測定法を基礎にしているものが多い．急がば回れではないが，何ごともまず基礎をしっかりと押えることがより深い理解へとつながると信じ，本章を読み進められたい．

なお本章は，電気化学会の会誌に1999年8月から2000年10月まで掲載された測定法シリーズ"はじめての電気化学計測——まず測定してみよう"をもとに構成した．

2.2 電極電位の測定

ある電極(電子伝導体)を水溶液(イオン伝導体)に浸すと,界面には電位差ができる.この電位差(厳密には内部電位差)を電極電位という.平衡系のように酸化と還元が互いに逆反応となる組合せで電極電位が決まるときを平衡電位,腐食系や無電解めっき系のように酸化と還元が反応の異なる組合せで電極電位が決まる場合を混成電位とよぶ.ここでは銅/硫酸銅水溶液系($Cu^{2+}+2e^- \rightleftharpoons Cu$)を例に,電極電位の測定法とネルンストの式を解説しよう.

2.2.1 実験方法

a. 電極電位はどのように測定するか?

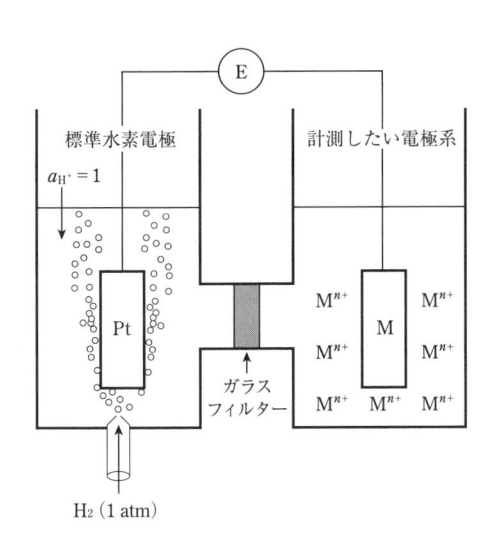

電極電位は,金属/電解液界面の内部電位差だが,異なる相間の内部電位差は直接測定できない.そこで標準水素電極を基準とし,それに対する電位を電極電位と定義する.金属 M と金属イオン M^{n+} の平衡($M^{n+}+ne^- \rightleftharpoons M$)なら,電極電位は図2.1の電池の起電力となる.ここで標準水素電極(SHE)とは水素イオンの活量 $a_{H^+}=1$(pH 0)の電解液に 1 atm(または 10^5 Pa)の H_2 を吹き込み,そこに白金電極を浸した電極で,平衡反応式は次式となる.

図 2.1 電極電位を計測するための電池
電極電位は標準水素電極に対する電池の起電力として与えられる.

$$2\mathrm{H}^+ + 2\mathrm{e}^- \rightleftharpoons \mathrm{H}_2 \tag{2.1}$$

ただし実験では，扱いやすい飽和カロメル電極(SCE)や飽和銀-塩化銀電極(Ag｜AgCl)を基準電極に使う．SHEに対するSCE，Ag｜AgClの電位差は，25°Cで0.241 V，0.199 Vとなる．測定した電極電位をSHE基準に変換したいときには，これらの値を加えてやればよい．

b．どのようなセル，装置を使うのか？

原則として，分極曲線の測定(2.3節)に使うセルを電極電位の測定にも使用できる．電位計測だけ行う場合は，対極も塩橋先端のルギン細管も必要ない．電極電位計測用セルの一例を図2.2に示す．エレクトロメーターは作用電極と基準電極間の電位差をはかる装置で，電流をできるだけ流さずに電位差を計測することが望ましく，入力インピーダンスの大きいもの(10^{11}～10^{14} Ω程度)を使う．ポテンショスタットは，エレクトロメーターの機能をもつので電極電位計測にも使える．

c．どのような手順で測定するのか？

① エレクトロメーター，セル，ピペット，メスフラスコ，銅板，1.0 M (M：mol dm^{-3}) 硫酸銅(CuSO$_4$)水溶液(硫酸でpH 3に調整)，1.0 M硫酸ナトリウム(Na$_2$SO$_4$)水溶液(硫酸でpH 3に調整)を用意する．

② 1.0 MのCuSO$_4$水溶液を1.0 M Na$_2$SO$_4$水溶液で希釈し，0.2，0.1，0.05，0.02，0.01，0.005 MのCuSO$_4$水溶液を準備する．

③ 1.0 M CuSO$_4$水溶液を蒸留水で希釈し，②と同濃度の水溶液を準備する．

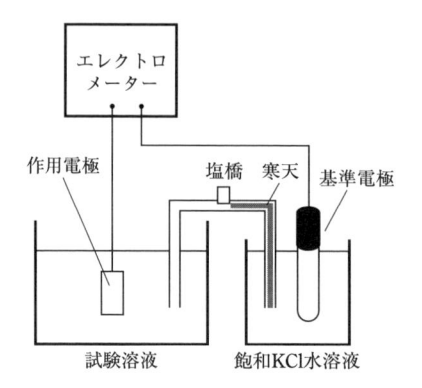

図 2.2 電極電位測定のためのセルと測定装置の例

2.2 電極電位の測定

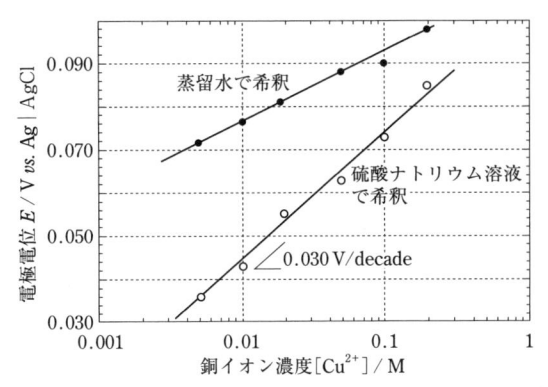

図 2.3 銅イオン濃度の対数と電極電位 E の関係（ネルンストプロット）（25°C）

④ 電極にする銅板を 400 番の研磨紙で研磨する．
⑤ エレクトロメーターを用い銅の電極電位を 25°C で測定する．電位はかなり早く安定するので，1～2 分後の値を読み取る．

2.2.2 実験結果

CuSO$_4$ 水溶液中ではかった銅の電極電位を銅イオン濃度の対数に対してプロットすると図 2.3 になる（decade は "1桁" の意味）．Na$_2$SO$_4$ 水溶液で希釈した溶液を用いたときは明確な直線部が現れ，その勾配が 25°C で約 0.030 V（= 2.303 $RT/2F$）となる．R は気体定数，F はファラデー定数，T は絶対温度を表す．一方，蒸留水で希釈した溶液では，プロットの勾配がかなり異なってくる．

2.2.3 Q&A

Q： 平衡電位と物質の濃度の関係は？

A： ネルンストの式で表される．

次式の平衡反応につき，平衡電位と物質の活量との関係を考えよう．

$$\mathrm{Ox} + ne^- \rightleftharpoons \mathrm{Red} \tag{2.2}$$

Ox は酸化体，Red は還元体，n は反応の電子数を表す．右向き反応は電子を受け取る還元反応，左向きは電子を放出する酸化反応である．反応 (2.2) の平衡電位 E は次式で書ける．

$$E = E° + (2.303\,RT/nF)\log(a_{ox}/a_{Red}) \tag{2.3}$$

a_{ox} と a_{Red} はそれぞれ還元体と酸化体の活量を表す。$E°$ はどの物質も標準状態にあるときの平衡電位で標準電極電位とよび，標準ギブズエネルギー変化 $\Delta G°$ と次式により結びつく。

$$E° = -\Delta G°/nF = -(\mu°_{Red} - \mu°_{ox})/nF \tag{2.4}$$

$\mu°_{Red}$，$\mu°_{ox}$ は還元体，酸化体の標準化学ポテンシャルを示す。以上から，反応に含まれる全物質の標準化学ポテンシャルがわかれば $E°$ を計算でき，さらに活量がわかれば電極電位 E が決まる。これらの式はネルンストの式といい，平衡電位と物質の活量，反応の標準ギブズエネルギー変化との関係を表す。金属 M/金属イオン M^{n+} 系の標準電極電位をいくつか表 2.1 にあげた。

次式の銅/硫酸銅系にネルンストの式を適用してみよう。

$$Cu^{2+} + 2e^- \rightleftharpoons Cu \tag{2.5}$$

平衡電位 E_{Cu} はネルンストの式で次式のように書ける。

$$E_{Cu} = E°_{Cu} + (2.303\,RT/2F)\log a_{Cu^{2+}} \tag{2.6}$$

$$E°_{Cu} = \mu°_{Cu^{2+}}/2F \tag{2.7}$$

固体純物質である純銅の活量は $a_{Cu} = 1$，標準化学ポテンシャルは $\mu°_{Cu} = 0$ とする。$a_{Cu^{2+}}$ は銅イオン濃度 $[Cu^{2+}]$ と活量係数 $\gamma_{Cu^{2+}}$ の積になる。

$$a_{Cu^{2+}} = \gamma_{Cu^{2+}}[Cu^{2+}] \tag{2.8}$$

濃度の単位にはふつう M(mol dm^{-3} あるいは mol kg^{-1})を使う。式(2.6)に式(2.8)を代入すると，平衡電位と銅イオン濃度の関係(25°C)が得られる。

$$E_{Cu} = E°_{Cu} + (0.059/2)\log \gamma_{Cu^{2+}} + (0.059/2)\log[Cu^{2+}] \tag{2.9}$$

表 2.1　金属/金属イオン(M/M^{n+})系の標準電極電位 $E°$ (25°C)

M/M^{n+}	$E°$/V	M/M^{n+}	$E°$/V	M/M^{n+}	$E°$/V
Li/Li$^+$	-3.04	Zn/Zn^{2+}	-0.763	Pb/Pb^{2+}	-0.126
K/K$^+$	-2.925	Cr/Cr^{3+}	-0.74	H/H$^+$	0.000
Ca/Ca^{2+}	-2.84	Fe/Fe^{2+}	-0.44	Cu/Cu^{2+}	0.337
Na/Na$^+$	-2.714	Co/Co^{2+}	-0.277	Hg/Hg$_2^{2+}$	0.796
Mg/Mg^{2+}	-2.356	Ni/Ni^{2+}	-0.257	Ag/Ag$^+$	0.799
Al/Al^{3+}	-1.676	Sn/Sn^{2+}	-0.138	Au/Au^{3+}	1.52

Q: イオンの標準化学ポテンシャル $\mu°$ の基準は？

A: 水素イオンの標準化学ポテンシャルを基準とする（$\mu_{H^+}°\equiv 0$）．

電気的に中性な物質の標準化学ポテンシャルは，純物質を基準として表す．電気化学ではイオンも扱うため，イオンの標準ポテンシャルの基準を設ける必要があり，水溶液系で共通イオンとなる水素イオンを基準とし，$\mu_{H^+}°\equiv 0$ と約束する．図2.1のように標準水素電極を基準にするのは，$\mu_{H^+}°\equiv 0$ と約束することに等しい．それは水素電極反応（式(2.1)）の電位をネルンストの式で表せばわかる．水素電極の電位 E_H は

$$E_H = E_H° - (2.303\,RT/2F)\log(P_{H_2}/a_{H^+}^2) \tag{2.10}$$

$$E_H° = -(\mu_{H_2}° - 2\mu_{H^+}°)/2F \tag{2.11}$$

と書ける．標準水素電極は $P_{H_2}=1\,\text{atm}$，$a_{H^+}=1$ だから式(2.10)の対数項は消え，また $\mu_{H_2}°=0$ なので，標準水素電極を電位の基準（$E_H°=0$）にすれば，$\mu_{H^+}°\equiv 0$ と約束したことになる．

Q: イオンの活量の基準は？

A: 無限希釈基準（ヘンリー基準）とする．

銅イオンを考えると，式(2.8)で，$[Cu^{2+}]\to 0$ のとき $\gamma_{Cu^{2+}}\to 1$ となる．したがって，あるイオンが少し溶けている場合，イオンの活量は濃度で置き換えてよい．濃度の単位がMなら1Mが活量1にあたる．

Q: 希釈する溶液でなぜ結果が違うのか？

A: 銅イオンの活量係数が濃度に依存するため．

平衡電位 E_{Cu} が銅イオンの濃度 $[Cu^{2+}]$ と活量係数 $\gamma_{Cu^{2+}}$ に依存することを式(2.9)で示した．もし活量係数が銅イオン濃度によらず一定なら，E_{Cu} vs. $\log[Cu^{2+}]$ プロット（ネルンストプロット）は直線となり，その勾配は $(2.303\,RT/2F)$ となることが式(2.9)からわかる．

水溶液に溶けた銅イオンの活量係数 $\gamma_{Cu^{2+}}$ は，まわりにあるイオンとの相互作用で変わる．したがって，活量係数の値は式(2.12)のイオン強度 I と密接な関係がある．

$$I = \frac{1}{2}\Sigma z_i^2[i] \tag{2.12}$$

z_i と $[i]$ はイオン種 i の電荷数と濃度を表す．Na_2SO_4 水溶液で希釈した $CuSO_4$ 水溶液のイオン強度 $I_{(Na_2SO_4)}$ と，蒸留水で希釈した場合の $I_{(蒸留水)}$ は次式で表される（H^+ は無視した）．

$$I_{(Na_2SO_4)} = \frac{1}{2}\{(1)^2[Na^+] + (2)^2[SO_4^{2-}] + (2)^2[Cu^{2+}]\} \tag{2.13}$$

$$I_{(蒸留水)} = \frac{1}{2}\{(2)^2[SO_4^{2-}] + (2)^2[Cu^{2+}]\} \tag{2.14}$$

たとえば 1 M の Na_2SO_4 水溶液で希釈したとき，$CuSO_4$ の濃度が 0.1 と 0.01 M のイオン強度比は，3.40/3.04＝1.12 倍となるから，イオン強度はあまり変化しない．かたや蒸留水で希釈すれば，イオン強度比は 0.4/0.04＝10 倍となり，濃度が 10 倍変わるとイオン強度も 10 倍変化する．

Na_2SO_4 水溶液で希釈すると，$\gamma_{Cu^{2+}}$ 一定のまま銅イオン濃度を変えることができ，ネルンストプロット（図 2.3 の結果）が理論勾配（$2.303RT/2F$）をもつ直線となる．一方，蒸留水希釈では，銅イオン濃度とともに $\gamma_{Cu^{2+}}$ も変わるため，ネルンストプロットは理論勾配を示さなくなる．

起電力測定でイオン分析を行うときは，硫酸ナトリウムのように電極反応に関与しない電解質を大量に加え，分析したいイオン種の活量係数を一定にして測定する．このような電解質を無関係電解質（支持電解質）とよぶ．

2.3 定常分極曲線の測定

"定常"とは時間的に変化しないことをいう．分極曲線(電流-電位曲線)について"定常"を厳密に定義するのはむずかしいが，十分に遅い電位走査速度で測定される分極曲線，または定電位で電流が一定になるまで分極したとき得られる分極曲線だと考えてよい．サイクリックボルタンメトリーなどのように比較的速い電位走査を使ってはかる"非定常"分極曲線と区別するため，ここでは"定常分極曲線"とした．定常分極曲線は電気化学計測の基本なので，他の測定法を勉強する前によく理解しておこう．

2.3.1 実験方法

a．電極と電解セルのつくり方は？

作用電極と試験溶液には以下のものを使う．

作用電極：炭素鋼

試験溶液：【実験Ⅰ】 0.5 M 硫酸(H_2SO_4)溶液(M：mol dm^{-3})
　　　　　【実験Ⅱ】 0.5 M 塩化ナトリウム(NaCl)水溶液

電解セル：　図2.4に電解セルの一例を示す．

作用電極：　旗型(または短冊型)の電極を使い，柄の部分をエポキシ樹脂などで覆い，電極面積が1〜2 cm^{2}になるようにする．

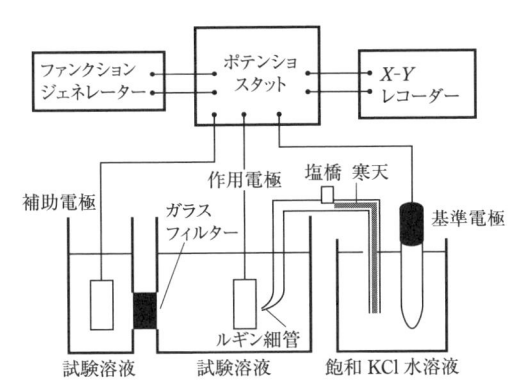

図 2.4 分極曲線測定のための三電極セルと測定装置の例

補助電極： 白金板(線)など不溶性の金属を使う．補助電極は作用電極からの電流を受けるだけなので，表面積が決まっている必要はない．分極のとき補助電極で生じる生成物が作用電極上の反応に影響する場合は，作用電極室と補助電極室を分け，両室をガラスフィルターなどで隔てる．

基準電極： 飽和カロメル電極(SCE)，飽和銀-塩化銀電極(Ag｜AgCl)などを使う．以下の電位はすべて Ag｜AgCl 基準で表す．

b．どんな装置を使うのか？

ポテンショスタットを用いて作用電極を分極(電位をかけること)する(図2.4)．作用電極の電位を自動的に走査するには，ファンクションジェネレーターなどの電位走査装置と X-Y レコーダーを要する．ここではポテンショスタットだけを使うもっとも簡便な方法で分極測定を行う．

c．どのような手順で測定するのか？

① 作用電極表面を研磨紙で 800 番程度まで研磨し，表面積を測定したのち超音波洗浄する．
② 作用電極と補助電極を電解セル内にセットする．
③ 電解セルに電解液を注ぎ，塩橋をセットする．ルギン細管の先端は作用電極表面にできるだけ近づける．
④ 塩橋の一端からピペッターで試験溶液を塩橋中にゆっくり吸い上げ，液絡をつくる．
⑤ 電極それぞれをポテンショスタットにつなぐ(ルギン細管の先端と作用電極表面が離れていないかを再チェック)
⑥ ポテンショスタットで自然電位を測定する．
⑦ 自然電位がほぼ安定したら(15～30 分)，ポテンショスタットにより以下のように分極を行う．

【実験Ⅰ】 0.5 M H_2SO_4 水溶液

自然電位から負方向へ -0.8 V まで，25 mV ごとに電位を変え，各電位で設定 30 秒後の電流を読む．次に，作用電極を取り出し，電極表面をかるく研磨・超音波洗浄したあと再浸漬し，今度は自然電位から正方向へ -0.3 V まで分極する(25 mV ごと)．先と同様に，電位設定 30 秒後の電流を読む．

【実験Ⅱ】 0.5 M NaCl 水溶液

実験Ⅰと同様にして分極を行う．ただし負方向は50 mV間隔で−1.0 Vまで，正方向は25 mV間隔で−0.3 Vまでとする．

2.3.2 実験結果

【実験Ⅰ】 H_2SO_4 水溶液中の分極曲線

炭素鋼の自然電位(この系は腐食系だから，以後，腐食電位 E_{corr} とよぶ)をはかると Ag｜AgCl 電極に対し−0.4〜−0.6 Vの範囲となる．測定した電流 i の絶対値を電位 E に対して片対数プロットすると図2.5の分極曲線になる(横軸を過電圧 $\eta = E - E_{corr}$ としたものをターフェルプロットという)．$\log|i|$ vs. E プロットのアノード部は直線でその傾き($\partial E/\partial \log|i|$)は約40 mV/decade となり，カソード部には傾き約−120 mV/decade の直線部分が見える．直線部が現れなかったり，傾きがこれらの値より大きいときは，ルギン細管の先端が電極表面から離れすぎている可能性がある．

【実験Ⅱ】 NaCl 水溶液中での分極曲線

この溶液中でも炭素鋼の E_{corr} は通常−0.4〜−0.6 Vの範囲にある．分極曲線の測定結果を図2.6に示す．アノード部には約40 mV/decade の傾きをもつ直線部が現れ，カソード部では電流が電位に依存しない領域が現れて 10〜20 μA cm^{-2} の一定電流値を示すはずである．さらに分極すると−0.8 V付近から H_2O の還元による水素発生が始まって電流がふえていく．

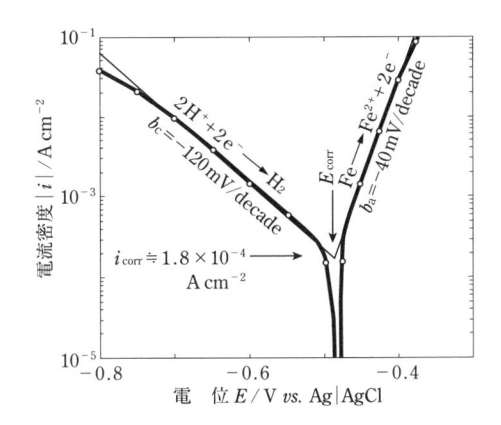

図 2.5 0.5 M H_2SO_4 水溶液中での炭素鋼の分極曲線(25℃)
Ag｜AgCl：飽和銀-塩化銀電極．

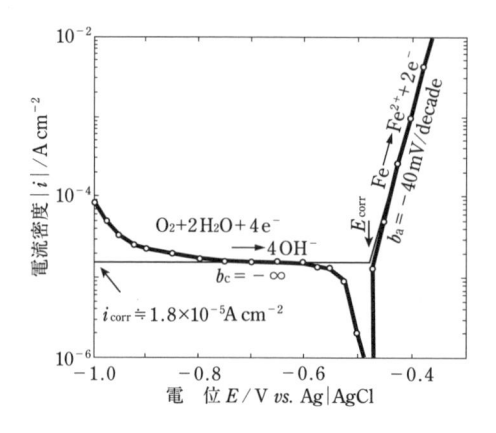

図 2.6 0.5 M NaCl 水溶液中での炭素鋼の分極曲線(25℃)
Ag|AgCl：飽和銀-塩化銀電極.

2.3.3 Q&A

Q： 実験Ⅰと実験Ⅱでは同じ反応が起きているのか？

A： アノード反応は両溶液とも鉄のイオン化で，カソード反応は酸性溶液と中性溶液では以下のように異なる．

【実験Ⅰ】 炭素鋼を硫酸に浸すと，次式の反応により鉄が溶けて水素が出る．

$$Fe + 2H^+ \longrightarrow Fe^{2+} + H_2 \tag{2.15}$$

すなわち E_{corr} において炭素鋼の表面では，式(2.16)のアノード反応と式(2.17)のカソード反応が同じ速度で進む．

$$Fe \longrightarrow Fe^{2+} + 2e^- \tag{2.16}$$

$$2H^+ + 2e^- \longrightarrow H_2 \tag{2.17}$$

E_{corr} から正方向に分極すると鉄が溶解し(式(2.16))，負方向に分極すると水素発生(式(2.17))が起こる．

【実験Ⅱ】 E_{corr} では式(2.16)と式(2.18)の反応が同じ速度で起こり，鉄が酸化される．

$$O_2 + 2H_2O + 4e^- \longrightarrow 4OH^- \tag{2.18}$$

全反応は式(2.19)で表される(一部 $Fe(OH)_2$ や $Fe(OH)_3$ が表面に生成する)．

$$Fe + \frac{1}{2}O_2 + H_2O \longrightarrow Fe^{2+} + 2OH^- \tag{2.19}$$

E_{corr} から正に分極すると式(2.16)の反応が進み，負に分極すると酸素の還元

反応(式(2.18))が進む.

Q: 図2.5と図2.6のカソード分極曲線はなぜ形が異なるのか？

A: 電極反応の律速段階が違うから.

電極反応の律速段階について考えてみよう．もっとも単純な電極反応は3段階の素過程をもつ．たとえば式(2.18)の反応は，① 溶液中の反応種(O_2)が電極表面に供給され(拡散過程)，② O_2 が電極から電子を受け取って還元され(電荷移動過程)，③ OH^- が電極表面から溶液バルク(電極表面から離れた沖合いのこと)へ拡散する過程，の3過程で進む(図2.7)．このうちもっとも遅いものが全反応速度を決める律速段階となる．

簡単のために①と②だけを考えよう．つまり③は①や②より十分に速く，律速段階にはなり得ないとする．拡散①が電荷移動②より遅いとき(拡散律速)，拡散の駆動力は電場ではなく濃度勾配だから，電極反応速度はかけた電圧により加速されない．一方，電荷移動②が拡散①より遅いときは(電荷移動律速)，電極/溶液界面での電子授受の速度がかけた電圧で変わるため，電流は電位に依存する．

図2.5, 2.6のカソード分極曲線の形から，水素イオンの還元(式(2.17))は電荷移動律速，酸素の還元(式(2.18))は拡散律速だとわかる．両者の違いは反応種の濃度の違いによる．H_2SO_4 水溶液では反応種 H^+ の濃度が 10^{-1} M，NaCl 水溶液中では反応種 O_2 の溶解度は25°Cで 10^{-4} M レベルでしかない．つまり前者の場合，H^+ は溶液中にたくさんあるため電極表面の反応で欠乏することはない．そ

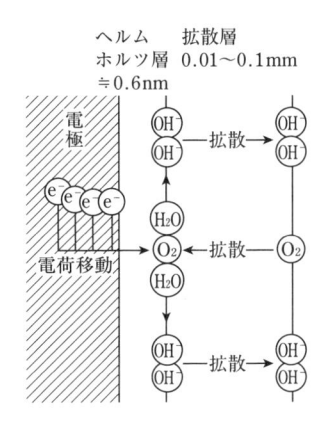

図 2.7 拡散と電荷移動からなる電極反応過程

の結果として電荷移動律速となる．かたや後者の場合，O_2 の溶解度が低いため反応が始まると電極表面への供給が間に合わなくなって拡散律速となる．すなわち消費(電荷移動)と供給(拡散)の相対的な速度が律速段階を決める．

Q: 電荷移動律速のとき，電流と電位の関係は？

A: 電流は電位の指数関数になる．

アノード反応(式(2.16))とカソード反応(式(2.17))がともに電荷移動律速となる H_2SO_4 水溶液中での腐食反応を考えよう．アノード電流 i_a，カソード電流 i_c の電位依存性は次式(ターフェルの式)で与えられる．

$$i_a = i_{corr} \exp\{\alpha_a F(E-E_{corr})/RT\} \quad (2.20)$$

$$i_c = -i_{corr} \exp\{-\alpha_c F(E-E_{corr})/RT\} \quad (2.21)$$

α_a, α_c はアノード反応，カソード反応の電荷移動係数という．電荷移動係数は電極反応の素反応解析に使われるパラメーターである．腐食反応が自然浸漬状態で進んでいるとき炭素鋼の示す電位を腐食電位(E_{corr})，そのときの腐食速度を電流として表したものを腐食電流密度(i_{corr})という．炭素鋼の電位を E_{corr} からずらした(分極した)とき，外部回路に流れる電流 i は，式(2.20)の内部アノード電流 i_a と式(2.21)の内部カソード電流 i_c の和になる．

$$i = i_a + i_c = i_{corr}[\exp\{\alpha_a F(E-E_{corr})/RT\} - \exp\{-\alpha_c F(E-E_{corr})/RT\}] \quad (2.22)$$

外部回路に流れる電流は実測できるが，内部電流はどちらも実測できない．慣習としてアノード電流を正，カソード電流を負とする．

Q: 腐食速度はどのようにして求めるのか？

A: 分極曲線からターフェル外挿法により推定できる．

図2.8(a)は式(2.20)，式(2.21)の内部電流 i_a および i_c，式(2.22)の外部電流 i と電位 E の関係を表した模式図である．E_{corr} では $i=0$ だが，アノード，カソード反応は $i_a = |i_c| = i_{corr}$ の速度で進行している．腐食速度 i_{corr} を求めるには，実測の分極曲線(i-E 曲線)から内部分極曲線(i_a-E 曲線，i_c-E 曲線)を推定しなければならない．

$(E-E_{corr})$ が正で十分大きければ $i=i_a$ となる．このような電位範囲では，式

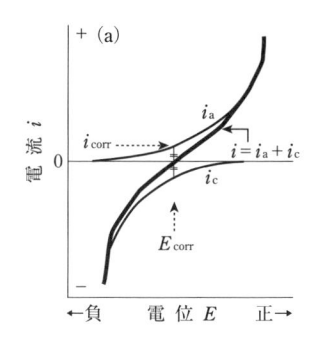

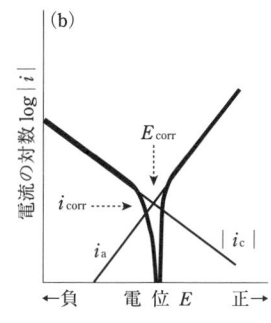

図 2.8　内部分極曲線(細線)と外部分極曲線(太線)の模式図
(a) $(i\text{-}E)$ 曲線
(b) $(\log|i|\text{-}E)$ 曲線

(2.20)から $\log|i|\text{-}E$ プロットは直線となる．逆に，$(E-E_{\text{corr}})$ が負で十分大きければ $i=i_{\text{c}}$ となり，式(2.21)からやはり $\log|i|\text{-}E$ プロットは直線になる．これらのプロットのアノード部，カソード部の直線の勾配 b_{a}，b_{c} をターフェル勾配といい，式(2.22)からそれぞれ次のように表される．

$$b_{\text{a}}=(\partial E/\partial \log i)=2.303\,RT/\alpha_{\text{a}}F \tag{2.23}$$

$$b_{\text{c}}=(\partial E/\partial \log|i|)=-2.303\,RT/\alpha_{\text{c}}F \tag{2.24}$$

図2.8(a)の分極曲線の電流を対数に変えると図(b)になる．この図からアノード部とカソード部の直線部を外挿した交点が i_{corr} と E_{corr} になるとわかる．このように，実測分極曲線の直線部を外挿して腐食電流 i_{corr} を求める方法をターフェル外挿法という．図2.5から H_2SO_4 水溶液中で炭素鋼の i_{corr} は約 1.8×10^{-4} A cm^{-2} と推定される．これは1年で厚みが約2mm減少する速度に相当する．同様な方法で，図2.6から中性塩化ナトリウム水溶液中での炭素鋼の i_{corr} は約 1.8×10^{-5} A cm^{-2} と推定される．

図2.5の分極曲線から，式(2.16)の炭素鋼のアノード溶解反応のターフェル勾配 b_{a} は約 $40\,\text{mV/decade}$ となり，反応の電荷移動係数 α_{a} が式(2.23)から約1.5と決まる．また，式(2.17)の水素発生反応のターフェル勾配は約 $-120\,\text{mV/decade}$ で，反応の電荷移動係数 α_{c} は式(2.24)から約0.5となる．

Q：　拡散律速の場合，電流と電位の関係は？

A：　電流は電位に依存しない．

式(2.18)の酸素の還元反応は O_2 の拡散で律速されると述べた．拡散律速のときは電流は電位に依存せず一定値をとり(図2.6)，この電流を拡散限界電流 i_{d} と

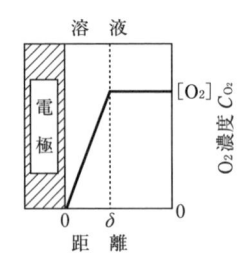

図 2.9 電極近傍での反応種 O_2 の濃度分布(拡散律速の場合)

よぶ. 拡散律速のとき反応種 O_2 は電極近傍で図 2.9 のような濃度分布をもち, 電極表面では酸素濃度 $C_{O_2}=0$ となる. i_d はフィックの第一法則により式 (2.25) で与えられる.

$$i_d = -nFD_{O_2}(\partial C_{O_2}/\partial x)_{x=0} = -nFD_{O_2}[O_2]/\delta \tag{2.25}$$

n は反応の電子数, D_{O_2} は酸素の拡散係数, $[O_2]$ は酸素の溶液沖合いでの濃度, δ は定常拡散層の厚みを表す. 固体内の拡散とは違って溶液内には対流があるため拡散層は無限には成長せず, 自然対流下で δ は $10^{-3} \sim 10^{-2}$ cm の値をとる. 図 2.6 から $i_d \fallingdotseq 2 \times 10^{-5}$ A cm^{-2} が得られ, $n=4$, $[O_2] \fallingdotseq 10^{-7}$ mol cm^{-3}, $\delta \fallingdotseq 10^{-2}$ cm を式 (2.25) に代入すれば, 酸素の拡散係数が $D_{O_2} \fallingdotseq 2 \times 10^{-5}$ cm^2 s^{-1} と求まる. ただし δ は溶液内の対流条件で変わるため, 正確な値を得るには回転電極(2.10 節)などを使い, 拡散層の厚みを制御しつつ測定を行う.

Q: 混成系(腐食系)と平衡系で速度式は異なるか?

A: 基本的にはどちらでも類似した速度式を用いるとよい.

上では比較的広いターフェル領域が現れる Fe-H$_2$SO$_4$ 溶液系, Fe-NaCl 溶液系で実習したが, 電流-電位の関係の一般式はもともと平衡系について導かれたものである. そのため電気化学の教科書では平衡系を使って電流-電位の関係を説明している. そこで平衡系と混成系の関係を簡単に眺めよう. 平衡系とは, 系を形成するアノード反応とカソード反応が互いに逆反応となる 1 組の電極反応系をいい, 式 (2.26) や式 (2.27) がそれにあたる.

$$Fe^{2+} + 2e^- \rightleftharpoons Fe \tag{2.26}$$

$$2H^+ + 2e^- \rightleftharpoons H_2 \tag{2.27}$$

かたや混成系は, アノード反応とカソード反応が異なる反応の組合せとなる電

極系で，式(2.16)と(2.17)，式(2.16)と(2.18)の組合せが例となる．これらは，混成系の中でも金属の腐食を伴うため腐食系とよばれる．式(2.26)，(2.27)の平衡系と式(2.16)，(2.17)の腐食系の関係を，それぞれの内部分極曲線の模式図で示すと図2.10になる．ただし，ここではどの電極反応も電荷移動過程が律速とした．式(2.26)のアノード方向(左方向)への反応による電流 $i_{a(Fe)}$ とカソード方向(右方向)への反応による電流 $i_{c(Fe)}$ は，それぞれ式(2.28)，(2.29)で表される．

$$i_{a(Fe)} = i_{0(Fe)} \exp\{\alpha_{a(Fe)} F(E - E_{eq(Fe)})/RT\} \tag{2.28}$$

$$i_{c(Fe)} = -i_{0(Fe)} \exp\{-\alpha_{c(Fe)} F(E - E_{eq(Fe)})/RT\} \tag{2.29}$$

$i_{0(Fe)}$ と $E_{eq(Fe)}$ は，式(2.26)の反応の交換電流密度と平衡電位を表す．外部電流 i は $i_{a(Fe)}$ と $i_{c(Fe)}$ の和となり式(2.30)で表される．

$$i = i_{0(Fe)} [\exp\{\alpha_{a(Fe)} F(E - E_{eq(Fe)})/RT\} - \exp\{-\alpha_{c(Fe)} F(E - E_{eq(Fe)})/RT\}] \tag{2.30}$$

この式はバトラー-ボルマーの式とよばれ，電極反応速度に関する基本式となる(電子数 n が1の場合，式(2.30)の $\alpha_{a(Fe)}$ は β，$\alpha_{c(Fe)}$ は $(1-\beta)$ で表され，β を対称因子という)．平衡電位 $E_{eq(Fe)}$ では酸化反応と還元反応の速度が等しく，$i_{a(Fe)} = |i_{c(Fe)}|$ となる．このときの速度が交換電流密度 $i_{0(Fe)}$ にほかならない．式(2.27)の水素の平衡についても同様な速度式が導出される．

次に，本実験で用いた H_2SO_4 水溶液中の炭素鋼を考えよう．溶液中には Fe^{2+} がないので式(2.26)の平衡は成立しない．同様に，H_2 も存在しないため式(2.27)の平衡も成立しない．結果として，硫酸中に鉄を浸したときの自然電位は，図2.10からわかるように，式(2.16)と式(2.17)の反応の電流が等しくなる電位

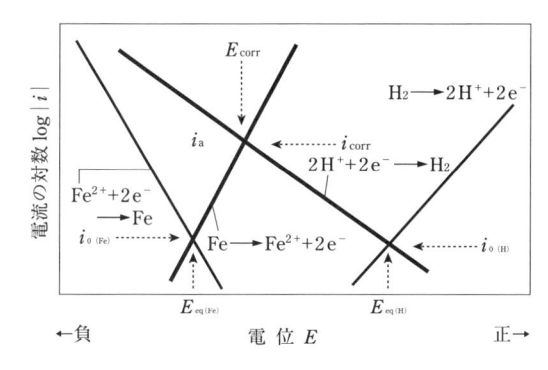

図 2.10 平衡系と混成(腐食)系の内部分極曲線の模式図

72   第2章　基礎的な測定法

(E_corr)となり，この腐食系に流れる外部電流 i は次式で表される．

$$i = i_\text{a(Fe)} + i_\text{c(H)}$$
$$= i_\text{0(Fe)} \exp\{\alpha_\text{a(Fe)} F(E - E_\text{eq(Fe)})/RT\} - i_\text{0(H)} \exp\{-\alpha_\text{c(H)} F(E - E_\text{eq(H)})/RT\} \tag{2.31}$$

上式はアノード反応の電位基準($E_\text{eq(Fe)}$)とカソード反応の電位基準($E_\text{eq(H)}$)が異なるため使いにくい．そこで交換電流密度 i_0 のかわりに腐食電流密度 i_corr を，平衡電位 E_eq のかわりに E_corr を使うと，式(2.31)は前述の式(2.22)になる．

Q： 分極時の IR ドロップはなぜ問題となるのか？

A： IR ドロップが大きいとバトラー–ボルマーの式が成立しなくなる．外部から加えた電圧のうち，電極界面(ヘルムホルツ層)にかかる電圧(E_eff)だけが電荷移動を加速・減速できる．ヘルムホルツ層は反応種が電極表面に近づける最近接位置を表し，その外側にある溶液相にかかった電圧(IR ドロップ)は電荷移動には影響しない．基準電極のルギン細管の位置と IR ドロップの関係を模式的に表すと図2.11になる．破線は分極前の電位分布，実線は作用電極と補助電極の間に電流 i を流したとき(分極したとき)の電位分布を表す．

分極でヘルムホルツ層に新しく E_eff だけ電位がかかったとき，ルギン細管の先端が(a)の位置なら，ポテンショスタットから($E_\text{eff} + iR_\text{sol}$)をかけたことになる($R_\text{sol}$ は電極表面とルギン細管先端との間の溶液抵抗)．

一方，ルギン細管の先端が(b)の位置なら，ポテンショスタットでかけた電圧はほぼ E_eff に等しく，すべてがヘルムホルツ層にかかる．加えた電圧に対して流れた電流をプロットしたとき，電圧がすべてヘルムホルツ層にかかっていないとバトラー–ボルマーの式は成立しない．そこで，IR ドロップをなるべく減らすた

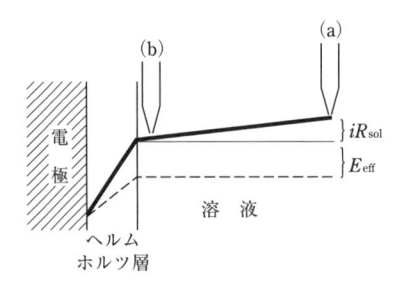

図2.11　ルギン細管の位置と IR ドロップの関係

めに，ルギン細管の先端を電極表面に近づけ，さらに支持電解質を溶かして溶液抵抗を下げるのが望ましい．ただし，ルギン細管の外径の2倍以内にまで近づけると，補助電極との間に流れる電流分布を乱すといわれる．

2.4 サイクリックボルタンメトリー

電気化学で誰もが一度は測定を試みるのがサイクリックボルタンメトリー (cyclic voltammetry) だろう．略して CV というが，得られる図（サイクリックボルタモグラム，cyclic voltammogram）のほうを CV と略すこともあって混同しやすいため，以下では手法を CV 法，図のほうは CV 曲線とよぶ．

CV 法は次のような用途に使われる．

（ⅰ）系の初期診断　　未知の系（新規な物質や電極材料，溶媒など）に適用し，全体のおよその姿（電極反応が進む電位，反応速度，付随する化学反応の有無，析出・溶解など）をつかむ．

（ⅱ）電極のキャラクタリゼーション　　電極表面の原子配列や吸着種の有無などに敏感だから，電極表面状態の確認に役立つ．

（ⅲ）反応のモニタリング　　電解重合膜の生成やバルク電解に伴う溶液濃度をモニタリングしたり，電極表面構造や反応の変化を調べたりする．

CV 法は簡便で汎用性があり，多くの情報を与えるが，解析には十分な注意を要する．CV 曲線には測定系ごとに多様なパターンがあり，限られた紙面ではすべてを語り尽くせないため，いくつか代表的な例について実験例を示しながら解説しよう．

"サイクリック"という言葉から連想されるように，CV 法では作用電極の電位を一定範囲で往復させる（図 2.12）．往復させない場合も含め，広義にはリニアスイープボルタンメトリー（linear sweep voltammetry）という．作用電極に流れた電流を印加電位に対して示したものが CV 曲線である．測定時に設定するパラメーターには，電位走査を始める電位（初期電位），それより正または負の折り返

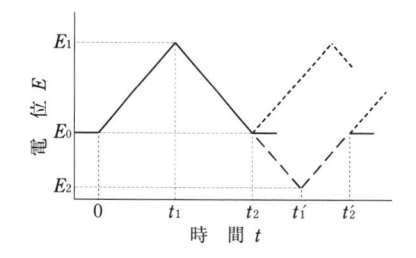

図 2.12　サイクリックボルタンメトリー（CV）における印加電位の波形
E_0 は初期電位，E_1 は第一折り返し電位．破線は第二折り返し電位 E_2 を設定する場合，点線は多重走査を表す．t_1, t'_1 は電位を折り返す時刻．t_2, t'_2 は走査終了時刻．

し電位，終了電位(ふつうは初期電位と同じ)がある．次に，電位をどんな速度で走査するか(走査速度)を決める(図の直線の傾きに相当)．初めて測定する系では，各電位をどう設定すればよいかわからない場合が多い．最初はなるべく広い範囲を走査してみてまず全体のようすをつかみ，次に範囲を狭めて詳しく調べるのがよい．折り返し電位や走査速度も変えて，応答がどう変わるかを見ておく．全体像がわかると，初期電位の設定にも役立つ(初期電位には通常，反応電流が流れない平衡電位を選ぶ)．走査速度も，どのくらいにすべきか迷うところだが，通常はまず $50\sim100\,\mathrm{mV\,s^{-1}}$ にしてみる．

2.4.1 物質移動と電荷移動反応

CV曲線の意味をつかむには，まず基本となる溶存酸化還元種のCV挙動を押さえておくのがよい．ここではヘキサシアノ鉄酸イオンの電子授受をとりあげよう．

$$[\mathrm{Fe(CN)_6}]^{4-} \rightleftharpoons [\mathrm{Fe(CN)_6}]^{3-} + \mathrm{e}^-$$

a．実験方法

用意するもの

作用電極： 白金ディスク電極．

試験溶液： 5 mM の $\mathrm{K_4[Fe(CN)_6]}$ を溶かした $0.5\,\mathrm{M\,Na_2SO_4}$ 水溶液．

その他： 作用電極の前処理や基準電極(以下では KCl 飽和の銀-塩化銀電極 (Ag｜AgCl)を用いる)，補助電極(白金線)，測定セルやポテンショスタット，レコーダーなどは1章に従って準備する．試験溶液は窒素などを吹き込んでよく脱気しておく．

測定方法： 初期電位と終了電位を 0 V，折り返し電位を 0.5 V に設定して作用電極の電位を図 2.12 の $0 \rightarrow t_1 \rightarrow t_2$ のように走査し，電流をレコーダーに記録する．走査速度は $10\sim500\,\mathrm{mV\,s^{-1}}$ の範囲で変えてみる．一度走査を行ったら，電流値が落ち着くまで待ってから次の走査をする．

b．実験結果

得られた CV 曲線の例を図 2.13 に示す．図から次のことがわかる．

- 順方向と逆方向の走査で，電流がそれぞれピーク(酸化電流ピークと還元電流ピーク)をもつ．

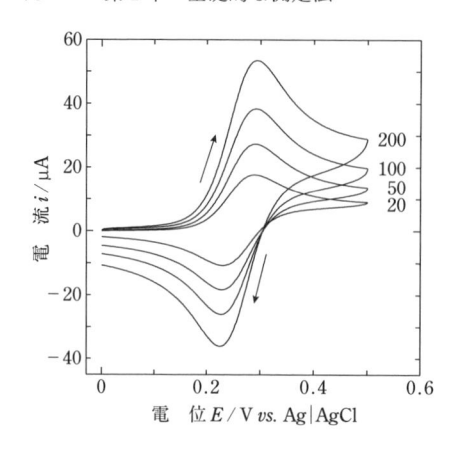

図 2.13　5mM K$_4$[Fe(CN)$_6$] の CV 曲線
0.5 M Na$_2$SO$_4$ 水溶液，白金ディスク電極(直径2mm)．
図中の数字は走査速度(mV s^{-1})．

- ピークの現れる電位はあまり走査速度によらない．
- 走査速度が大きいほど電流値は全体に大きくなる．

c．Q&A

Q：　図2.13の曲線は，2.3節で見た曲線とは異なる．なぜか？

A：　電極界面での反応物の濃度が時間に対して複雑に変わるから．

　最初，溶液内には [Fe(CN)$_6$]$^{4-}$ だけがある．初期電位(0 V)はこの反応の標準電極電位($E°$)より十分に負だから，右向き反応(酸化反応)は起きていない．電位を正に走査すると，徐々に右向き反応の速度が増え，酸化電流(正の電流)が観測される．2.3節のバトラー−ボルマーの式によれば，反応速度は電位の指数関数でふえるはずだが，図2.13の電流はある電位でピークを迎えたあと減っていく．同じことは逆向き走査のときも見られる．電極表面で進む電子移動だけでなく，反応物質が溶液内部から表面まで供給され，生成物が除き去られる物質移動もからみあうため，こうした挙動になる．

　また，観測時間内で両者のどちらが優勢になるかも大切な因子で，それを電気化学反応の"可逆性"という尺度で表す．電子移動の速い順に可逆，準可逆，非可逆と3分類して考えると都合がよい．可逆性の度合いに応じてCV曲線の形は変わる．いまの例は電子移動が物質移動よりもかなり速い可逆系にあてはまり，物質移動の速さ，とりわけ拡散の速さが曲線の形を決める．

2.4 サイクリックボルタンメトリー

Q: 可逆系のCV曲線はなぜこうした形状となるのか？

A: 電極表面で反応物質が示す濃度プロファイルの変化で決まる．

電流は反応物の電極への拡散速度に比例する．フィックの第一法則より，拡散速度は物質の濃度勾配に比例し，電流値は，拡散速度に比例する．そのことを次式のように表す．

$$i = nFAD \left(\frac{dc}{dx} \right)_{x=0} \tag{2.32}$$

n は反応電子数，A は電極面積，D は反応物の拡散係数，c はその濃度を表す．x は電極表面から溶液内部へ向かってはかった距離である．なお通常サイズの平板電極では，濃度勾配は電極表面に対し垂直方向（一次元的）だけにできると考えてよいが，電極が小さくなると三次元的になる（後述）．

電極表面での反応種の濃度が，時間の経過（電位走査）とともにどう変わっていくかがわかれば，上式からそのときどきの電流値を予測できる．この問題を厳密に解くのは容易ではないため，以下では結果の図を見ながらそのようすをつかもう．

まず正方向への初期走査を考える．走査開始前，電極表面の反応物の濃度（初期濃度）は溶液バルク（沖合い）での濃度（仕込み濃度）に等しい．電位が十分正になり，電解が始まるとまず電極表面近くから $[Fe(CN)_6]^{4-}$（以下 Red）が減りだす（図 2.14(A)）．減少量は電位とともに大きくなり，バルクより濃度の低くなった部分（拡散層）が徐々に溶液バルクへ広がっていく（図(B),(C)）．このとき，電流がピークとなる電位（図(D)）でも，電極表面の Red の濃度はまだゼロにはなっていない．濃度がほぼゼロになるのは，ピークをずっと過ぎてからである（図(E)）．先にも触れた通り，電流は濃度勾配に比例するので，D点の勾配がもっとも大きい．

一方，生成物の $[Fe(CN)_6]^{3-}$（以下 Ox）は，Red とは対称的な濃度分布をもつ（いま Ox と Red の拡散係数は同じだと仮定している）．電位で表面濃度がどう変わるかは，反応の可逆性で異なる．可逆反応なら，電極表面の Red と Ox の濃度は常にネルンストの式で決まる比率に保たれる．

逆走査のときも同様で，Ox や Red の表面濃度勾配は還元ピーク電位位置で最

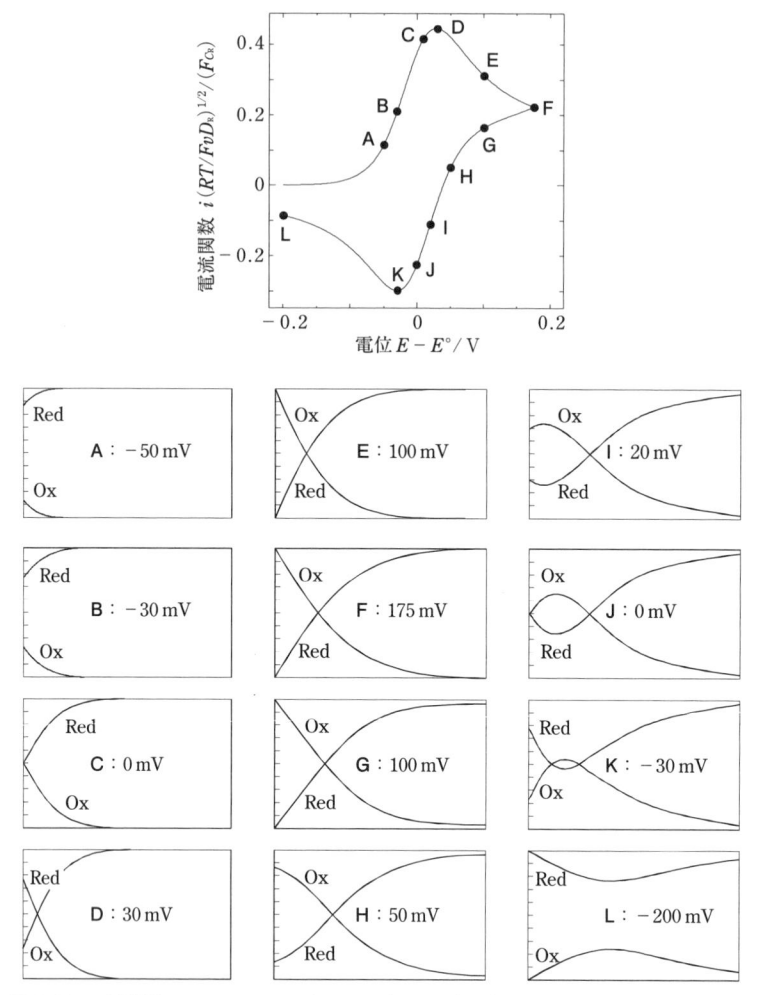

図 2.14 可逆過程のサイクリックボルタモグラムの各電位において反応種 Red と Ox が電極表面での濃度プロファイル

大になる(図(K)).走査終了直後(図(L))は，電極近傍の Red や Ox の濃度分布は前の電解の影響が残っていて初期状態と異なる．このまま 2 回目の走査を続ければ，その影響が現れて 1 回目の走査の場合とは違う電流になる．事実，連続走査をすると電流は全体にやや小さめとなり，界面濃度変化が落ち着くまでその現象は続く．そのため通常は，初期濃度が規定できる 1 回目の走査だけを解析の対

象にするほうがよい(初期濃度分布に戻るまで十分に時間をおいてから次の測定を始める)．以下に書く式はすべて1回目の走査だけにあてはまる．

Q： 可逆反応の特徴は？

A： 酸化ピーク電流値が次の理論式で表される．
$$(i_p^a)_r = 0.4463\, nFc_R D_R^{1/2}(nFv/RT)^{1/2} \tag{2.33}$$

添字のaは酸化反応，pはピーク，rは可逆過程を表す．n は反応電子数，c_R，D_R は還元体のバルク濃度(単位：mol cm^{-3})と拡散係数(cm^2 s^{-1})，v は走査速度(V s^{-1})を示す．上式をざっと眺めると次のことがわかる．

① ピーク電流値は還元体のバルク濃度に比例する．
② ピーク電流値は走査速度の平方根に比例して大きくなる．

①は定量分析を行うときの基礎となる．また②の関係は吸着種と拡散種を区別するのに利用することが多い(2.4.3項)．

酸化ピーク電位は次のように書ける．
$$(E_p^a)_r = E_{1/2}^r + 1.109(RT/nF) \tag{2.34}$$

$E_{1/2}^r$ は可逆半波電位とよばれ，式量酸化還元電位 $E^{\circ\prime}$ と次の関係にある．
$$E_{1/2}^r = E^{\circ\prime} - (RT/nF)\ln(D_O/D_R)^{1/2} \tag{2.35}$$

D_O は酸化体の拡散係数を表す．なお式量酸化還元電位とは，酸化体と還元体の(活量ではなく)濃度が等しいときの電極電位をいう．さらに，酸化と還元のピーク電流・電位は次のような性質をもつ．

① $|i_p^a| = |i_p^c|$
② $\Delta E_p = E_p^a - E_p^c = 2.218\, RT/nF$ ($n=1$ のとき，25°Cで57mV)
③ ピーク電位は走査速度に依存しない．

現実はこれほど単純ではなく，電極の前処理法などのわずかな違いで電流が小さくなったり，走査速度を上げると酸化・還元ピークが互いに離れていったりする．一般に電子移動反応は電極界面の状態に敏感で，電極表面のかすかな汚れなどによって速度が落ちやすい．そのため，電子移動が物質移動と競合するようになると上述のような現象が現れてくる．もちろん，反応種と電極の組合せによっては本質的に電子移動反応の遅いものもある．このように，電子移動が物質移動と競合する場合を準可逆過程とよぶ．

Q: 準可逆反応の特徴は？

A: 数学的扱いはむずかしく，簡便な理論式はないが，おおむね次のような特徴が現れる（図2.15）．
① ピーク電流は走査速度 v とともに増えるが，v の平方根には比例しない．
② $\Delta E_p = E_p^a - E_p^c > 2.218\,RT/nF$
③ 走査速度を上げると E_p^a は正側に，E_p^c は負側にずれる．

最近はデジタルシミュレーションによってCV曲線をフィッティングでき，反応を解析できる．ただしそのさいには移動係数 α など未知パラメーターの値を仮定しなければならない．最適なフィッティングが得られたといっても鵜呑みにせず，計算に使ったパラメーターの妥当性をよく吟味したい．

Q: 非可逆反応の特徴は？

A: 電子移動がきわめて遅く，CV曲線は次のような特徴をもつ．
① 逆走査時にピークが大きくずれる（ピークが現れないことも多い）．
② ピーク電流は走査速度の平方根に比例する．

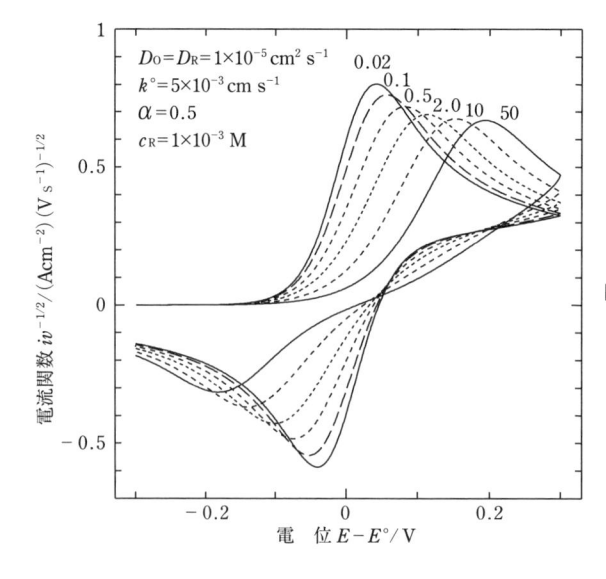

図 2.15 準可逆過程の CV 曲線 (25℃)

$c_R = 1\,\text{mM}$, $D_R = D_O = 1 \times 10^{-5}\,\text{cm}^2\,\text{s}^{-1}$, $k° = 5 \times 10^{-3}\,\text{cm}\,\text{s}^{-1}$, $\alpha = 0.5$ として計算した（比較しやすいよう電流値を走査速度の平方根で割ってある．実際は走査速度が大きいほど電流が大きくなることに注意）．

③ ピーク電位は走査速度が10倍になると $2.3RT/\{2\alpha nF\}$ (25°Cで $n=1$, $\alpha=0.5$ のとき59 mV) ほど正側へずれる.

Q： 可逆，準可逆，非可逆系はどうやって区別する？

A： 電子移動反応の式量速度定数 $k°$ (単位：$cm\, s^{-1}$) の大小に注目し，およそ以下の判断基準で分類する．

可 逆 系：$k°>0.3(nv)^{1/2}$

準可逆系：$0.3(nv)^{1/2}>k°>2\times10^{-5}(nv)^{1/2}$

非可逆系：$k°<2\times10^{-5}(nv)^{1/2}$

ここには走査速度 v がからみ，同じ $k°$ でも，走査が速い (測定の時間スケールが短い) ほど非可逆性が強くなる．電位の素早い変化に電極表面でのネルンスト平衡が追いつけなくなるからである．つまり電極反応の可逆性は，絶対的なものではなく，用いる走査速度で決まる相対的なものと考えればよい．そのようすをピーク電流値から見れば図 2.16 になる．

Q： i_p-$v^{1/2}$ プロットの吟味は？

A： 式(2.33) によると，i_p と $v^{1/2}$ のプロットは直線になるはずである．それを拡散支配の可逆過程だという証拠に使ったり，拡散係数を見積もるのに使う人もいるが，その前にプロットをよく吟味しよう．直線は原点を通っているか？ 直線の傾きは電極面積や反応物の濃度，拡散係数からみて妥当か？ 拡散係数が未知の場合，水溶液系なら $1\times10^{-5}\, cm^2\, s^{-1}$ として計算してみるとよい．また電極面積には幾何学的面積 (みかけの面積) を使う．実測値が大きく (たとえば1桁以上) 理論値と違うようなら，実測データや実験条件を見直そう (図 2.17 は図

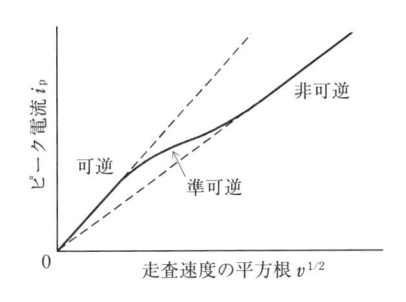

図 2.16 可逆過程から非可逆過程へ移行するようすをピーク電流値から見たもの
途中の準可逆過程でピーク電流値は $v^{1/2}$ に比例しない．

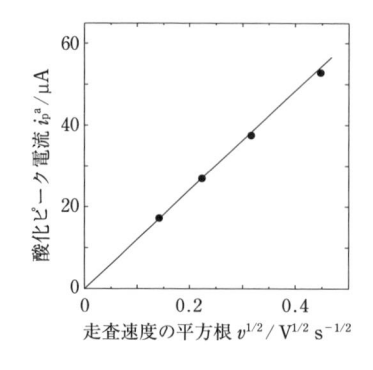

図 2.17 図 2.13 から読み取った酸化ピーク電流を走査速度の平方根に対してプロットした図 (i_p-$v^{1/2}$ プロット)
ピーク電流値は $v^{1/2}$ に比例している.

2.13 の CV による i_p-$v^{1/2}$ プロット).

Q: 多重走査法はどんな場合に役立つのか?

A: 多重走査の CV 曲線は,形は美しくても厳密な解析にはまず使えない.ただし,測定系の時間変化を調べるなど定性的な目的には役立つ.系の安定性を調べたり,電解重合の場合など成膜状況をモニターする必要があるとき.後出の化学反応を伴う場合などは,繰り返し走査が有用な情報をもたらす.

Q: ピーク電流値はどこからはかる?

A: CV 曲線から読み取ったピーク電流値は若干の誤差を含む.最大の原因はベースラインのとり方にある.ピーク電流値は,グラフの縦軸ゼロ(電流ゼロ)を基準にはかるのではなく,バックグラウンド成分(非ファラデー電流)を必ず差し引く.電位走査の間は電気二重層の充放電がたえず起き,その非ファラデー電流がファラデー電流に重なって現れる.図 2.13 の CV 曲線では,非ファラデー電流に比べファラデー電流が十分に大きく,ベースラインも平坦なので電流値は読み取りやすいが,反応種の濃度が下がったり走査速度が大きくなると,充電電流を差し引く必要がある.さらに,ベースラインが平坦でないと,その補正は厄介な問題になる.支持電解質だけの溶液でバックグラウンド応答を測定し,後でそれを差し引くのが有効な場合もあるが,いつもうまくいくとは限らない.いずれにせよ,読み取った電流値は相当の誤差を含むと覚悟しておこう.

2.4 サイクリックボルタンメトリー

Q: 逆走査時に現れるピーク電流のはかり方は？

A: 図2.13のような拡散支配のCV曲線で，逆走査時のピーク電流を読み取るには一定のやり方がある．順方向走査でピークが出た後，通常は適当な電位(図2.18のE_r)で折り返すが，そこで折り返さずさらに広い範囲まで走査したものを記録しておく．次にこの曲線を本来の折り返し電位E_rで左右対称に折り返し，それを基準線にして逆走査時のピーク電流を読み取る．ファラデー電流が大きいCVの場合はこれでよいが，充電電流その他の寄与が多く含まれるときは注意を要する．また，実験系によっては引き続きほかの反応などが存在するせいで広い電位範囲を走査できないこともあり，そうした場合の理論式もあるが，詳しくは専門書にゆずる．

Q: 電流の大きさは何で決まるか？

A: 式(2.33)でわかるように，電流値は濃度のほか拡散係数によっても変わる．そのため，同じ濃度・反応電子数の可逆系でも，拡散係数が異なればピーク電流値も異なる．また拡散係数は溶液の粘度に左右され，粘度は温度で変わる．たとえば10℃での1M H_2SO_4中のFe^{2+}の拡散係数は20℃のときの0.66倍，30℃のときの0.59倍だから，"同じ濃度なのに冬と夏で電流値が大きく違う"ことになる．電流値を解析するときは，測定温度にも気を配ろう．

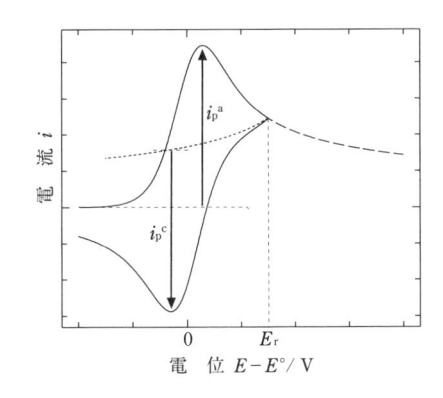

図 2.18 逆走査時に現れるピーク電流値の読み取り方
走査折り返し電位E_rで破線の部分を折り返し，それを基準にしてi_p^cをはかる．

Q: ピーク電位差から反応の可逆性を評価するときの注意点は？

A: 準可逆の CV 曲線で，酸化・還元ピーク電位差の走査速度依存性から反応速度定数を見積もる場合がある（Nicholson 法）．しかし現実には落とし穴もあるので注意しよう．電極反応理論からは，ピーク電位差が走査速度で変わるのは速度論的な理由によるのだが（図 2.15），実測の CV 曲線は実験条件の影響も受けている．たとえば，溶液抵抗と電極のキャパシタンスの積で決まるセル時定数がみかけのピーク電位差を大きくすることがあり，そのまま解析すると速度定数の過小評価になる．とりわけ反応物質が高濃度のときや電極面積が大きいときは電流値が大きくなって，IR ドロップの影響も無視できなくなる．支持電解質濃度の低い有機溶媒を使ったときもそうなる．こうした余分な寄与の分離・補正は CV 法では容易ではなく，厳密な速度論的評価を行いたければパルス法など他の測定法を用いるのがよい．

2.4.2 化学反応を伴う場合

単純な電子授受だけが起こる系をいままで見てきたが，通常の均一系反応と同様，電極と電子をやりとりしない化学反応を伴う電気化学過程もある．それが測定の時間スケール内で電極表面の酸化還元種の濃度に影響するなら，CV 曲線の形状も変わってくる．

電子授受と化学反応が併発する場合は，起こる順序が重要となる．化学 (Chemical) 反応が電子移動（Electron transfer）反応に先がけて起こるものを先行反応（CE メカニズム），逆の場合を後続反応（EC メカニズム）という．電極上で還元反応が進む場合は次のように書ける．

$$\text{先行反応} \quad C: Y \longrightarrow Ox$$
$$E: Ox + ne^- \rightleftharpoons Red$$
$$\text{後続反応} \quad E: Ox + ne^- \rightleftharpoons Red$$
$$C: Red \longrightarrow X$$

Y は酸化体 Ox（電子移動反応の出発物質）を生む反応物，X は Red の化学反応で生じる生成物を表す．化学反応がさらに複雑な高次反応の場合もあるし，多段階の E や C を含むもっと複雑な反応もある．

全反応の速度は，もっとも遅い段階の速度で決まる．つまり，化学反応速度（および平衡定数）と，電子移動速度の相対関係が重要になる（もちろん物質移動過程も考えなければいけない）．場合分けは煩雑だから，以下では後続反応がCV曲線を大きく変える例だけ考えよう（先行反応がCV曲線に明確な影響を及ぼす例は少ない）．

a．実験方法

【実験Ⅰ】

作用電極：　グラッシーカーボンディスク電極．

試験溶液：　1 mM アスコルビン酸を含むリン酸緩衝液（pH 7）．

その他：　2.4.1 a.項を参照．

測定方法：　初期電位（終了電位）を $-0.2\,\mathrm{V}$，折り返し電位を $0.5\,\mathrm{V}$ としてCV曲線を測定する．走査速度は $10\sim200\,\mathrm{mV\,s^{-1}}$ の範囲で適当に変えてみる．その他の注意事項は 2.4.1 a.項を参照．

【実験Ⅱ】

作用電極：　白金ディスク電極．

試験溶液：　5 mM p-アミノフェノールを含む $0.1\,\mathrm{M}\,\mathrm{H_2SO_4}$ 水溶液．

その他：　2.4.1 a.項を参照．

測定方法：　初期電位（および終了電位）を $0\,\mathrm{V}$，折り返し電位を $0.8\,\mathrm{V}$ としてCV曲線を測定する．走査速度は $10\sim500\,\mathrm{mV\,s^{-1}}$ の範囲で適当に変えてみる．その他の注意事項は 2.4.1 a.項を参照．

b．実験結果

【実験Ⅰ】　アスコルビン酸の酸化反応

酸化反応の生成物が後続反応で電気化学的に不活性な物質へ素早く変わるため，観測時間内で再還元波は現れない（図2.19）．CV曲線は非可逆波（電子移動反応が遅い系）と似ているが，そうなる原因はあくまでも"化学"現象だということに注意しよう．

$$E:\ \text{アスコルビン酸} \rightleftharpoons \text{（酸化体）} + 2\mathrm{H^+} + 2\mathrm{e^-}$$

C: [構造式] + H₂O ⟶ [構造式]

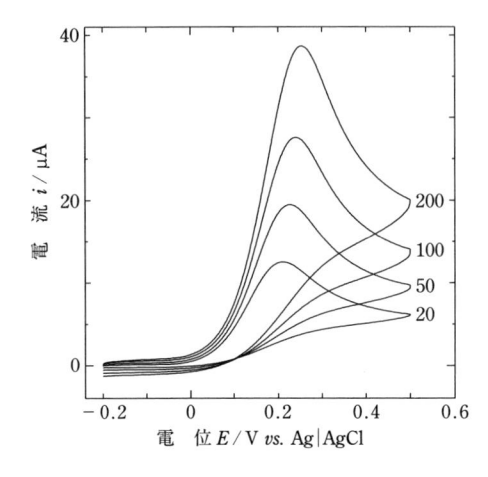

図 2.19　1 mM アスコルビン酸の CV 曲線　リン酸緩衝溶液 (pH 7.0), グラッシーカーボンディスク電極 (直径 3 mm). 図中の数字は走査速度 (mV s^{-1}).

【実験 II】　p-アミノフェノールの酸化反応

p-アミノフェノールの酸化生成物は，一部が加水分解で別の酸化還元活性物質 (p-ベンゾキノン) に変わる．走査を遅くするにつれて 0.5 V の再還元波が小さくなると同時に，新たな還元ピークが 0.33 V に現れてくる (図 2.20)．これは，化学反応がアスコルビン酸の場合ほど速くはなく，測定時間が長くなるほど酸化体 (キノンイミン) が加水分解を受けて p-ベンゾキノンに変わる割合が増えるためである．0.33 V の還元波は生成した p-ベンゾキノンの還元を表す (そのため正しくは ECE 反応とよぶべき)．

E:　p-アミノフェノール ⇌ キノンイミン + 2H$^+$ + 2e$^-$

$$\text{C:} \quad \underset{\text{O}}{\overset{\text{NH}}{\bigcirc}} + H_2O \longrightarrow \underset{\text{O}}{\overset{\text{O}}{\bigcirc}} + NH_3$$

p-ベンゾキノン

c. Q&A

Q: 電子メディエーションとは？

A: EC反応の特殊ケースとして触媒反応機構がある．このとき，後続化学反応によって最初の電子移動反応活物質が再生される．

$$Ox + ne^- \rightleftharpoons Red$$

$$Red + Z \longrightarrow Ox + Y$$

この場合の酸化還元対 Ox/Red を電子メディエーターという．電極で Z を Y に還元できない(速度論的に遅い．つまり還元反応の過電圧が大きい)場合，電子移動反応が速く，熱力学的には Z を還元できる酸化還元電位をもつ Ox を溶液内か電極上に少し存在させておくと，Ox の電極反応で生じた Red が Z を Y に還元する．そのとき Red はまた Ox に戻るので，繰り返し Z を還元できる．その場合 CV 曲線は次のような特徴をもつ．

① Ox の還元電位付近で大きな還元電流が流れ，酸化電流ピークは現れな

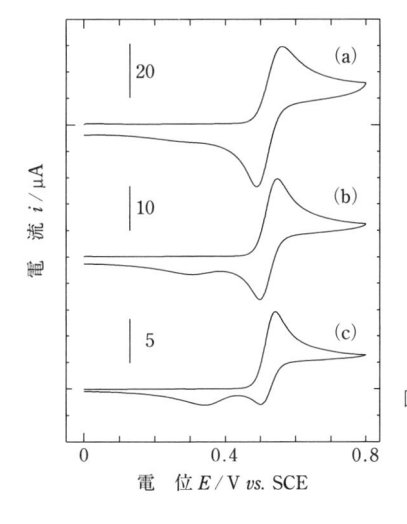

図2.20　0.1 M H_2SO_4 水溶液中における 5 mM p-アミノフェノールの CV 曲線

走査速度は 200(a)，50(b)，10(c) mV s^{-1}．直径 1 mm の白金ディスク電極．

いか，現れても還元ピーク電流よりずっと小さい．
② 還元ピーク電流を走査速度の平方根で割った値は，走査速度を大きくすると減る．
③ 遅い走査速度では定常電流−電位曲線となる．

近年よく研究されている化学修飾電極では，電子メディエーターとしてさまざまな酸化還元活性種を電極表面に存在させる．

　　　Q： 化学反応や電子移動反応などの速度定数それぞれをCV法で求められるか？

　　　A： 過程それぞれの速度パラメーターが求まるかどうかは，先述の通り，それらの相対速度で決まる．片方が他方よりずっと遅ければ，その速度を評価できる．CV法のほかクロノアンペロメトリー(2.6節)やクロノクーロメトリー(2.7節)，回転電極法(2.10節)などが反応解析に利用され，個別のケースについて解析法が確立している．まず適当そうな反応スキームを仮定し，上記のうち最適な手法を選んで解析を進める．そのさい，反応の姿をざっとつかんでおくのにCV法が役立つ．

2.4.3　反応物の吸着がある場合

これまでは反応物がみな溶液中に存在する系だったが，反応物が電極表面に析出(吸着)することも多い．最近では，酸化還元活性種を電極表面に固定して使ったりもする．そうした場合，CV法でまず電極の応答特性を調べるのが常套手段となる．

a．実験方法

　作用電極： グラッシーカーボンディスク電極．前処理した作用電極を1mMのアリザリンレッドSを含む水溶液に数分間浸してアリザリンレッドSを吸着させる．電極を取り出し，純水で水洗してから測定に用いる．

　試験溶液： 1 M HCl．

　その他： 2.4.1 a.項を参照．

　測定方法： 初期電位(終了電位)を0.1 V，折り返し電位を−0.4 VとしてCV曲線を測定する．走査速度は10〜500 mV s^{-1}の範囲で適当に変える．その他の注

意事項は 2.4.1 a. 項を参照．

b． 実験結果

測定結果を図 2.21 に示す．CV 曲線の形は 2.4.1 項で示した拡散支配のものとは異なり，酸化・還元のピーク電位差がほとんどなく，電位軸に対し対称な形になっている．これは，拡散のような物質移動過程を伴わず，反応物質が電極表面に吸着したまま酸化還元反応を受けることによる（ads は吸着種を示す）．

$$\text{Ox}_{ads} + ne^- \rightleftharpoons \text{Red}_{ads}$$

ピーク電流値は走査速度に正比例して増え，拡散支配の場合とは大きく違う．また，酸化または還元ピークを積分して得られる電気量は，一般に反応種の存在量(正確には電気化学的活性量)に比例するため，反応電子数がわかっていれば次式で量を見積もれる．

$$|Q| = nFA\Gamma \tag{2.36}$$

Q は図積分で求めた酸化または還元ピークの電気量(単位：C)，n は反応電子数，F はファラデー定数，A は電極面積(cm^2)，Γ は吸着量(または活性量，単位：$mol\ cm^{-2}$)を表す．

c． Q&A

> Q： もっと複雑な吸着波を解析するには？
>
> A： 反応種の吸着を伴う酸化還元反応は，上のように単純なものだけでは

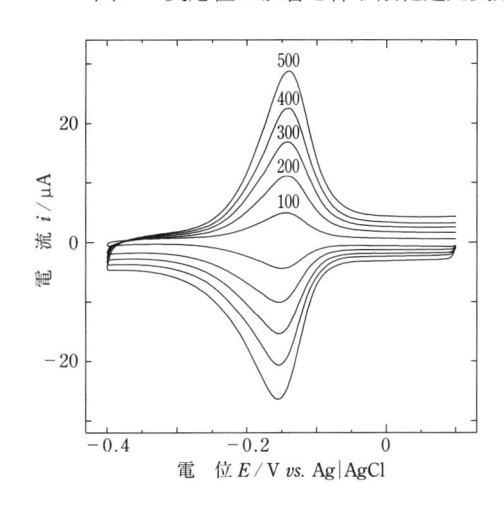

図 2.21 グラッシーカーボン電極(直径 3 mm)に吸着したアリザリンレッド S の CV 曲線
図中の数字は走査速度 ($mV\ s^{-1}$)．
1 M HCl 水溶液中で測定．

ない．たとえば金属単結晶電極で CV 測定を行うと，支持電解質だけのときでさえ鋭いピークが何本も出て面食らうことがある．一般に吸着波の形や出現電位は，電極材料と吸着基質それぞれの化学的性質のみならず，電極表面の原子配列，溶媒や支持電解質の種類，温度，溶存種の吸着平衡，吸着分子間の相互作用エネルギー，電子移動速度など，さまざまな因子に左右される．さらに，反応種や対イオンの吸着・脱着，吸着構造の相転移といったダイナミックなプロセスを伴う場合も多い．微妙なパターンの違いは，電極表面の状態確認に使える．最近では自己組織化単分子膜の状態を調べる手がかりとしたり，電極表面の原子配列を調べたりするのに役立っている．しかし上述の通り，酸化還元反応のファラデー電流成分に加え，吸脱着や構造の相転移に伴う非ファラデー電流成分も含まれる場合が多いため，それらを厳密に区別して扱うのは一般にむずかしい．

　吸着波の理論的取り扱いでは，吸着構造モデルを立てて統計熱力学的に処理したり，さまざまな吸着等温式をあてはめたりして理論 CV 曲線を計算する．例として図 2.22 に，分子間相互作用を考えたフルムキン吸着等温式に基づく可逆波の理論曲線を示す．隣接分子間に引力が働くと(相互作用パラメーター $vG\theta_T$ が正)吸着波は鋭く尖り，斥力が働けば($vG\theta_T$ が負)幅広くなる．しかし，現実系の複雑さゆえ，CV 曲線の理論的取り扱いによる定量的解釈は溶存種の場合よりもずっとむずかしい．

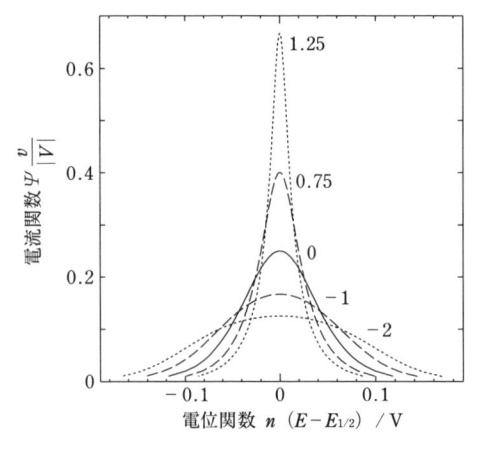

図 2.22　フルムキン吸着等温式に基づく吸着可逆波の理論曲線(25°C)
図中の数字は相互作用パラメーター $vG\theta_T$ の値．

2.4.4 電極そのものが反応する場合

電極自身が反応して電気化学応答を示す場合も多い．酸化溶解・還元再析出などは，一部の例外を除き，たいていの金属電極でごくふつうに見られる．

a. 実験方法

　作用電極：　銀ディスク電極．
　試験溶液：　1 M KOH 水溶液．
　その他：　2.4.1 a.項を参照．
　測定方法：　初期電位(終了電位)を -0.2 V，折り返し電位を 0.8 V として CV 法を行う．走査速度は $5\sim200$ mV s^{-1} の範囲で適当に変える．その他の注意事項は 2.4.1 a.項を参照．

b. 実験結果

測定例を図 2.23 に示す．ピークがたくさん現れた複雑な姿をしている．A では酸化反応により銀が水酸化銀となって溶け，B では酸化銀(Ⅰ)が電極表面上に生成する．さらに C では生成した酸化銀(Ⅰ)が酸化銀(Ⅱ)に酸化される．この過程は拡散を伴わないので(OH^- や H_2O は過剰に存在)，吸着がある場合の波形と似ている．逆走査時にはこれらが D や E で還元され，もとの銀に戻る(表面の原子配列は乱されるが)．走査速度を変えると C や E のピークが外側へ大きくずれるのは，おもに速度論的な理由による．

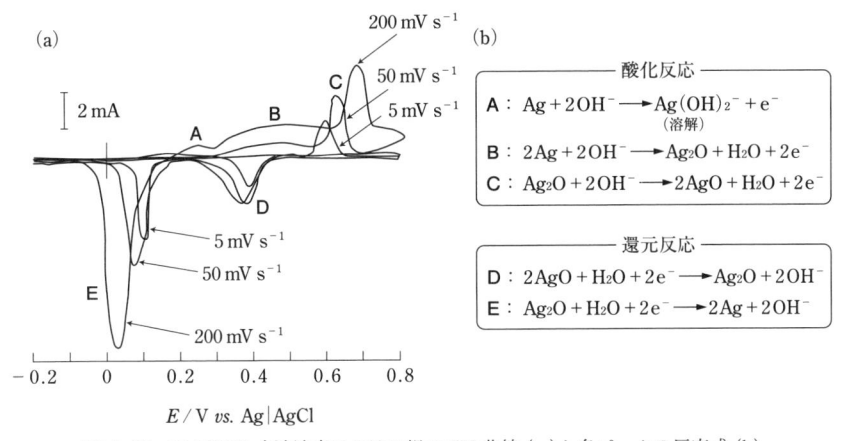

酸化反応
A: $Ag + 2OH^- \longrightarrow Ag(OH)_2^- + e^-$ (溶解)
B: $2Ag + 2OH^- \longrightarrow Ag_2O + H_2O + 2e^-$
C: $Ag_2O + 2OH^- \longrightarrow 2AgO + H_2O + 2e^-$

還元反応
D: $2AgO + H_2O + 2e^- \longrightarrow Ag_2O + 2OH^-$
E: $Ag_2O + H_2O + 2e^- \longrightarrow 2Ag + 2OH^-$

図 2.23　1 M KOH 水溶液中における銀の CV 曲線 (a) と各ピークの反応式 (b)

> ### コラム　ポーラログラフィー
>
> 　いま使われている電気化学測定法の多くは，ポーラログラフィーの発明をきっかけにして開発された．ポーラログラフィーとは，1922年にチェコのヘイロフスキー(J. Heyrovsky, 1890-1967)が開発した電気分析法で，電流と電位の関係を調べる測定法だから"ボルタンメトリー"とほぼ同じ意味だが，現在では滴下水銀電極を作用電極とした電気分析法に限って用いる．そのころはもっぱら界面張力測定に使われていた滴下水銀電極で電流-電位曲線を測定し，その重要性を初めて指摘したのがヘイロフスキーだった．
>
> 　ポーラログラフィーは電気化学理論を大きく前に進め，基礎理論だけでなく多様な測定法の開発や微量分析法の発展にも寄与してきた．よく精製した水銀は，滴下することでいつも清浄な表面を保つことができ，固体電極よりも測定値の再現性がずっとよかった．いまでは環境などへの配慮から水銀を使いにくいが，液体金属ならではの特性をいかしたポーラログラフィーの発明は，電気化学測定法の歴史を語る上で欠かせない大事件だったといってよい．
>
> 　ポーラログラフィーの発明によってヘイロフスキーは1959年にノーベル化学賞を受賞したが，装置としてのポーラログラフを完成したのは(1924年)，共同研究者の志方益三(1895-1964)だった．

そのほか，白金電極で進む水素の吸脱着，金電極表面の酸素吸着・脱着などでも，電極の表面原子自身が反応に参加する．注目する反応が起こる電位領域にこうした波が重なると，波形がゆがんだり，電極表面の性質も変わってくるので，調べたい反応に影響を及ぼす恐れもある．こういう理由からも，バックグラウンド測定をして電極自身の性質を知っておきたい．

2.4.5　拡散形態とボルタモグラムの形

　2.4.1項や2.4.2項で述べたのは線形拡散(反応物の拡散が電極表面に向かって垂直に起こる場合)の挙動だった．電解が始まると，電極表面で反応物質は減り，生成物はふえる．こうしてそれぞれに溶液バルクとの濃度差が生じるため，拡散で前者は溶液バルクから補給され，後者は電極表面から散逸する．濃度勾配

の生じ方が線形とみなせるかどうかは，電極のサイズと拡散層の厚さの相対関係による．電極のサイズが拡散層の厚さより十分に大きくはなくなると，二次元，三次元拡散の影響が現れてCV曲線の形も変わる．その現象を積極的に利用したのが微小電極だが，詳細は実践編にゆずる．

電極が大きく，物質輸送を半無限一次元拡散（線形拡散，平板拡散）とみてよい場合，拡散層は電解時間とともに溶液内部のほうへ際限なく伸びていく（実際は対流の影響があるから有限となる）．そのため同じ電位でも，走査が遅いほど拡散層の成長が大きく，電極表面での濃度勾配が小さくなる結果，電流値が落ちる（式(2.33)参照）．一方，電極のサイズが小さくなると，電極での消費量に比べ拡散供給量が大きくなるため，両者の速度がつりあった時点で拡散層はもはや成長しない．どの電位でもそうなれば，電流値はもはや時間に依存しなくなり，走査速度によらない電流-電位曲線が得られる．

直径 10 μm の白金ディスク電極で測定したヘキサシアノ鉄(II)酸イオンのCV曲線を図2.24に示す．普通サイズの平板電極なら電流は必ずピークをもつのに(図2.13)，ここではピークらしきものは観察されず，電流値がほぼ同じS字形曲線となっている．$10\,\mathrm{mV\,s^{-1}}$ では順方向と逆方向の曲線がほぼ完全に重なり，定常電流-電位曲線となる．式量酸化還元電位を過ぎてしばらくすると，電流は電位によらない一定値(限界電流値 I_L)をとる．微小ディスク電極を用いたときの

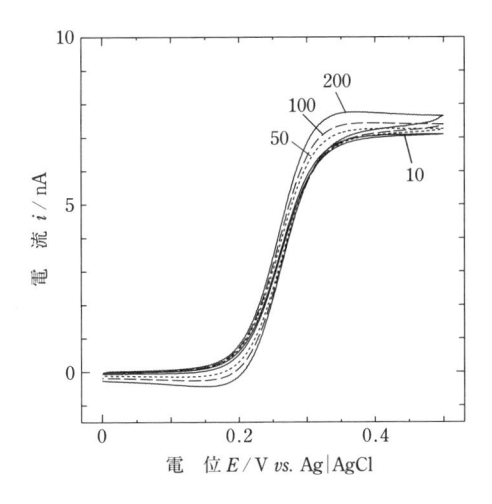

図 2.24　5mM $K_4[\mathrm{Fe(CN)}_6]$ の CV 曲線　0.5 M $\mathrm{Na_2SO_4}$ 水溶液，白金ディスク電極（直径 10 μm）．図中の数字は走査速度 ($\mathrm{mV\,s^{-1}}$)．

限界電流は次式で表される．

$$I_L = 4nFcDa \tag{2.37}$$

a は円盤の半径，c と D は反応物質の濃度と拡散係数を表す．限界電流値は濃度に比例するため，電流値から反応物質が定量できる．

以上のことから，複雑な形状の電極を使えば，各部分での拡散形態が異なるため，電流分布が不均一になると想像できよう．たとえ表面積が明確にわかっていても，そうした電極で得た CV 曲線は，本章で紹介した式にあてはめて解析することはできない．

2.4.6 おわりに

これまでの例からわかる通り，CV 測定をすれば系についてのさまざまな情報が手に入る．とはいえ，測定結果を解析して値を評価するには，式の理論的背景をつかんでおかなければいけない．たとえばピーク電流を表す式(2.33)は，次の仮定のもとに導出されている．

- 電極や溶液は静止していて対流の影響がない．
- 支持電解質が十分に溶解・電離していて泳動の影響がない．
- 拡散形態は線形(平板電極)．
- 反応物は電極に析出せず，化学反応も起こっていない．
- 電子授受は可逆．

測定条件が以上を満たしていなければ(完全に満たされることはないが)，式そのものが成り立たず，式で各種のパラメーターを評価しても意味はない．

2.5 交流インピーダンス法

電極反応の非定常解析では，電極に電位(または電流)信号を入れたときの応答電流(または電位)を調べる．正弦波入力と応答を比べ，電極反応の伝達関数(インピーダンス，アドミッタンス)を決める手法を交流インピーダンス法という．測定機器の進歩で，インピーダンスのスペクトル解析が容易になったこともあって，この方法は電気化学的インピーダンス分光法(electrochemical impedance spectroscopy, EIS)ともよぶ．以下では単純な反応系について測定機器，測定・解析法を解説しよう．

2.5.1 実験方法

a．電極と電解セルのつくり方は？

単純な Cu/Cu^{2+} 系をとりあげ，三電極系で分極曲線とインピーダンスの測定を行う．純銅の丸棒を樹脂に埋め込み，断面(直径 6 mm)を作用電極とする．補助電極，基準電極にはそれぞれ白金，銀-塩化銀電極(Ag｜AgCl)を用いる．作用電極は研磨紙 2000 番まで研磨し，メタノールと 2 回蒸留水で洗う．溶液は $CuSO_4$ を 10 mM (M：mol dm^{-3})含む pH 1 の混合溶液 (0.5 M H_2SO_4 + 0.5 M Na_2SO_4) とし，測定前には高純度窒素を吹き込んで溶液の脱酸素を十分に行う．

b．どのような装置を使うのか？

周波数応答解析器(frequency response analyzer, FRA, またはインピーダンスアナライザー)を用いたインピーダンス測定系の例を図 2.25 に示す．三電極系セルの電位・電流を制御するポテンショスタットが FRA につないである．FRA は正弦波発振回路を内蔵し，変調周波数を自動走査してインピーダンスのスペクトルを決める．FRA から正弦波信号をポテンショスタットに送り，ポテンショスタットが正弦波電位(電流)変調をセルに与えて，応答電流(電位)が測定される．変調電位と変調電流はポテンショスタットから FRA に出力され，各周波数でのインピーダンスが決定される．一般に FRA はパーソナルコンピュータで制御し，図 2.25 ではパーソナルコンピュータを FRA だけにつないであるが，機種によってはポテンショスタットも接続して制御できる．

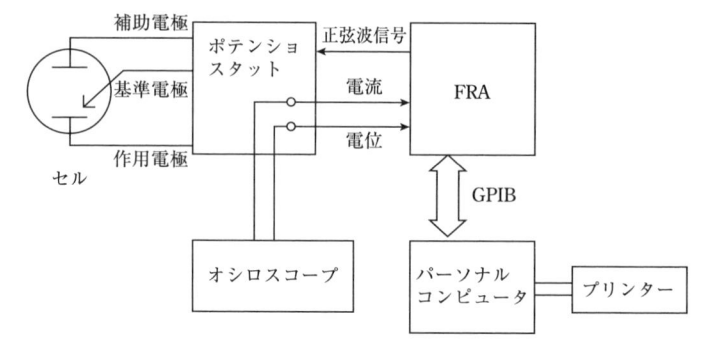

図 2.25 交流インピーダンス測定の装置図

ポテンショスタットは応答時間に注意して選ぶ．電極のインピーダンス値にもよるが，低級機種では，応答の遅さ（時定数の大きさ）から 100 Hz 程度の低周波数でも実測インピーダンスにひずみが生じやすい．また，フィルター機能内蔵のポテンショスタットを使うと，フィルターが高周波数域のインピーダンスをひずませる．

測定の前にポテンショスタットの性能を確かめよう．たとえば 1 kΩ の抵抗 2 本を直列につなげ，両端にポテンショスタットの作用電極端子と補助電極端子を，2 本の抵抗間に基準電極端子をつないで，FRA によりインピーダンスをはかる．周波数全域で振幅が 1 kΩ，位相差 0 度ならよいが，それからずれる周波数範囲では正しい測定はできない．

交流インピーダンス法は，FRA 内の演算で積分を使うのでノイズに比較的強いが，信号がノイズに影響されるため，測定中はオシロスコープで電位と電流の変動を監視したい．

c．どのような手順で測定するか？

分極曲線の測定は 2.3 節に従って行う．作用電極を溶液に浸し，自然電位が一定になってからインピーダンス測定を始める．変調電位の振幅は 10 mV，周波数範囲は 10 mHz から 10 kHz とし，1 桁 5 点の対数走査を行う．測定は高周波数側から始めて低周波数側に走査する[*1]．遅れ時間 (delay time)[*2] は 1 秒とし，積分回数[*3] は高周波数側で 20 回，1 Hz 以下の低周波数では 1 回とする．

[*1] 周波数走査は高周波数側と低周波数側のどちらから始めてもよいが，著者は高周波数側から測定することをすすめる．後述のように高周波数側での測定時間は短いため，測定初期に多くのデータが得られ，ミスに早く対応できるからである．

d. インピーダンスの表示法は？

インピーダンス表示法には，① 複素平面に表示する方法(ナイキストプロット)，② 横軸に周波数 f の対数，縦軸にインピーダンスの振幅と位相差をとる方法(Bode プロット)，③ 横軸に周波数の対数，縦軸に伝達関数の実数成分と虚数成分を表示する方法がある．電気化学分野では①と②が大半を占める．図2.26(a)に示す単純な界面反応の等価回路(後述)に基づくインピーダンス Z は式(2.38)となり(j は虚数)，表示法①と②のプロットはそれぞれ図(b)と(c)になる．

$$Z = R_{sol} + R_{ct}/(1+j2\pi f R_{ct} C_{dl}) \tag{2.38}$$

図(b)で，半円の直径は電荷移動抵抗 R_{ct}，高周波数側で実軸と交わる交点は溶液抵抗 R_{sol} を表す．また頂点の周波数 f_m から電気二重層容量 $C_{dl}(=1/2\pi f_m R_{ct})$

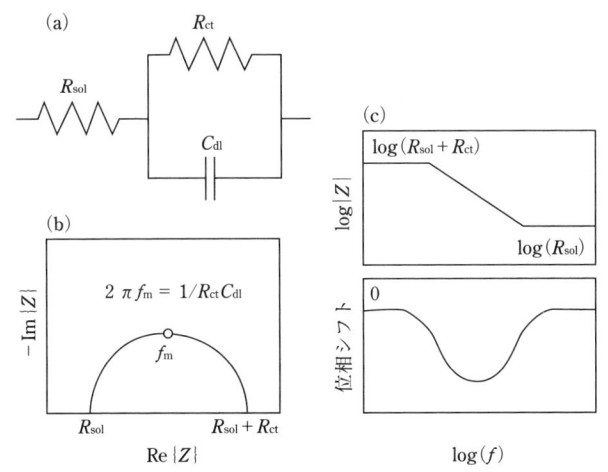

図 2.26 単純な等価回路（R_{sol}, R_{ct}, C_{dl} はそれぞれ溶液抵抗，反応抵抗，電気二重層容量）(a)と(a)の等価回路で示されるインピーダンスのナイキストプロット(b)と同上の Bode プロット(c)

---

*2 印加周波数を変えた直後の応答は，変化前後の周波数の影響をともに受ける．前の印加周波数の影響がなくなるまではインピーダンスの演算を開始できない．遅れ時間とは周波数変化と演算開始の時間差をいう．

*3 FRA の演算にはデジタルフーリエ級数を用い，最低1周期の演算からインピーダンスを求められるが，SN 比を大きくする目的で演算を何周期か繰り返す．この繰り返し数を積分回数とよび，fHz では $1/f$ 秒の演算時間を要する．たとえば，1 kHz では1周期の演算時間が1 ms，10 mHz では100秒に及ぶ．よって，ふつう，高周波数域では積分を数十回から数百回して SN 比をあげ，低周波数域では積分回数を1回とする．ほとんどの FRA は積分回数の自動変換機能をもつ．

が求まる．

　ナイキストプロットは，全体の形が一目で直感的にわかる長所をもつが，複数の時定数が存在し抵抗成分それぞれのオーダーが異なるとき明確に判別できない欠点もある．各点での測定周波数が C_{dl} についての情報を与えるため，10 Hz，100 Hz など切りのよい周波数と，半円の頂点の周波数などを図中に示すとよい．

　Bode プロットは，インピーダンスの周波数依存性を説明するのに役立つ．ナイキストプロットに比べ，高周波数域のインピーダンスの挙動が見やすい．他方，値の近い抵抗成分がいくつかある場合，縦軸(振幅)を対数とする Bode プロットは見づらくなる．

　表示法①を Cole-Cole プロットとよぶこともあるが，Cole-Cole プロットとは元来，誘電率の分布が生む複素平面上における半円のひずみを次式のように係数 β で補正したプロットをいう．

$$Z = R_{sol} + R_{ct}/\{1 + (j2\pi f R_{ct} C_{dl})^{\beta}\} \tag{2.39}$$

2.5.2　実験結果

　Cu^{2+} を 10 mM 含む溶液(pH 1)に入れた銅電極の分極曲線を図 2.27 に示す．自然電位は 0.030 V $vs.$ Ag｜AgCl だったが，図 2.27 の横軸はこの自然電位を原点とする過電圧にした．アノード・カソード側とも η は $\log|i|$ と直線関係(ターフェルの関係)にあり，勾配はそれぞれ 40 mV/decade，120 mV/decade になっている．2 直線を外挿すると $\eta = 0$ V で交わり，交換電流密度が約 10 μA cm^{-2} だとわかる．

　$\eta = 0$ mV でのナイキストプロットを図 2.28 に示す．インピーダンスは半円の軌跡を描き[*4]，前述の方法で決めた溶液抵抗 R_{sol} と電荷移動抵抗 R_{ct} をキャプションに記した．FRA では 10 mHz から 10 kHz まで 1 桁 5 点(対数走査)の測定を行い，約 20 分かかる．1 mHz まで測定するには 1 時間近く要するから，後述の"不変性"を満たす安定な測定系でなければいけない．

　[*4] 図 2.28 のインピーダンスは完全な半円でなく，虚軸方向にややつぶれている．軌跡を完全にフィッティングするには，式(2.39)を用いればよい．

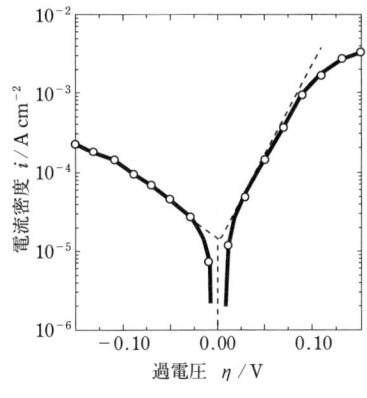

図 2.27　CuSO$_4$ を 10 mM 含む溶液中における銅電極の分極曲線 (25°C)

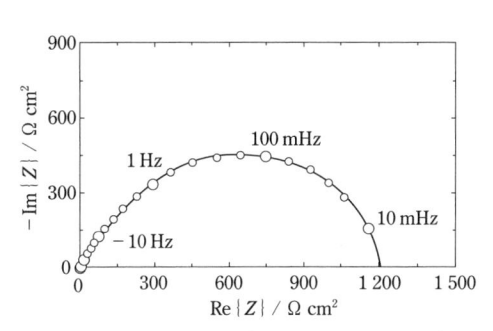

図 2.28　図 2.27 と同様の条件で測定した浸漬電位での銅電極のインピーダンス
$R_{sol} = 1.06\ \Omega\ cm^2$, $R_{ct} = 1200\ \Omega\ cm^2$.

2.5.3　Q&A

Q:　等価回路とは？

A:　電気化学反応系を電気回路に置き換えて表したモデル．インピーダンス法では通常，対象とする系の等価回路を仮定し，それに基づいて解析をする．図 2.26(a) にはもっとも単純な等価回路の一つを示した．溶液は溶液抵抗 R_{sol} で表し，電極界面は電荷移動抵抗 R_{ct} と電気二重層容量 C_{dl} の並列で表す．R_{ct} は界面を通るファラデー電流，C_{dl} は非ファラデー電流（二重層の充放電電流）に関係する．実例のインピーダンスからこれらのパラメーターを決める．

等価回路は通常，現実の系より単純化されている．単純化されすぎているなど，不適切な等価回路を用いると，パラメーターを正しく求められない．しかしあまり複雑な等価回路を仮定すれば，パラメーターの数もふえ，その評価や解釈がむずかしくなる．

Q:　電荷移動抵抗 R_{ct} の物理的意味は？

A:　直感的には "電荷移動抵抗 R_{ct} が小さいほど反応は起こりやすい" といえるが，R_{ct} の物理的意味ははっきりしていない．一つの解釈を以下に述べよう．図 2.27, 2.28 の測定では電極反応は式 (2.40) で表され，過電圧 η が正のと

きに次式右向きの酸化反応，負のときに逆反応が進む．

$$Cu \rightleftarrows Cu^{2+} + 2e^- \qquad (2.40)$$

電流密度 i は次式で示される．

$$i = i_0\{\exp(2.303\,\eta/b_a) - \exp(-2.303\,\eta/b_c)\} \qquad (2.41)$$

i_0 は交換電流密度，b_a と b_c はアノードとカソードのターフェル勾配を表す．式(2.41)をテイラー展開し，2次以上の項を無視すれば次式になる．

$$\Delta i = 2.303\,i_0\{(1/b_a)\exp(2.303\,\eta/b_a) + (1/b_c)\exp(-2.303\,\eta/b_c)\}\Delta\eta \qquad (2.42)$$

自然電位($\eta = 0\,V$)の付近で式(2.42)は次式となる．

$$\Delta i = 2.303\,i_0\{(b_a + b_c)/b_a b_c\}\Delta\eta \qquad (2.43)$$

電荷移動抵抗は

$$R_{ct} = \Delta\eta/\Delta i = b_a b_c/\{2.303(b_a + b_c)i_0\} \qquad (2.44)$$

と書け，b_a と b_c の値がわかれば R_{ct} から i_0 が求まる．図2.27では $b_a = 0.040\,V$，$b_c = 0.120\,V$ だから，$\eta = 0\,V$ での R_{ct} から i_0 は $1.1 \times 10^{-5}\,A\,cm^{-2}$ とわかり，図2.27のターフェル外挿で求めた i_0 とほぼ一致する．

Q: 拡散のインピーダンスとは？

A: 拡散が比較的遅い電極反応では，低周波数域のインピーダンスに特異な軌跡が現れる．このときのナイキストプロットを図2.29に示す．高周波数域の挙動は図2.28と同様だが，低周波数域に傾き45°の直線部が見える．この拡散のインピーダンスはワールブルグインピーダンス Z_W とよび，$Ox + ne^- \rightleftarrows Red$ の可逆反応が進む平面電極の場合，Z_W は次のように表される．

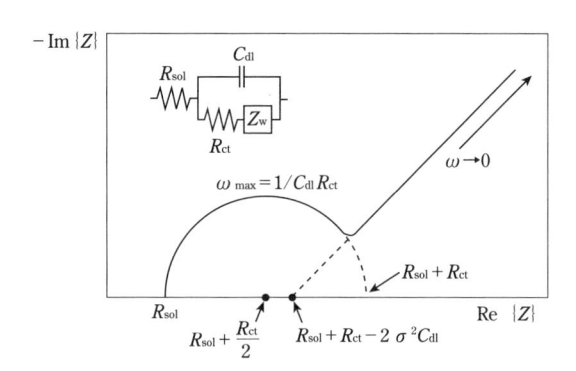

図 2.29 拡散が影響する場合のインピーダンス

2.5 交流インピーダンス法

$$Z_W = \sigma\omega^{-1/2} - j\sigma\omega^{-1/2} \tag{2.45}$$

$$\sigma = \{RT/(2^{1/2}nF)\}\{1/(D_O^{1/2}c_O) + 1/(D_R^{1/2}c_R)\} \tag{2.46}$$

D_O と D_R は Ox と Red の拡散係数，c_O と c_R は Ox と Red のバルク濃度を表す．インピーダンスは，図 2.29 の等価回路から次式のように導かれる．

$$Z = R_{sol} + 1/[j\omega C_{dl} + \{1/(R_{ct} + Z_W)\}] \tag{2.47}$$

測定結果をこの式にフィットさせれば，n, D, c などが求まる．

Q： インピーダンス測定にはどのような方法があるか？

A： ① インピーダンスブリッジ法，② オシロスコープで変調電位と電流を直接比較する方法，③ リサージュ法，④ 高速フーリエ変換(FFT)法，⑤ FRA を使う方法がある．それぞれ一長一短はあるが，⑤が現在の主流となっている．

Q： 交流インピーダンス法を適用するとき，電極系に要求される条件は？

A： 交流インピーダンス法では，界面の反応抵抗と電気二重層容量が簡便に求まる．さらに精密なスペクトル解析を行えば，反応の時定数が分離でき，素反応と電極の状態についての情報が得られる．そのため交流インピーダンス法は，腐食反応，電池，電気化学センサーなど幅広い電極反応の解析に用いられてきたが，けっして万能ではなく，線形系とみなせる電極反応にしか使えない．交流インピーダンス法の適用できる電極反応は次の三条件を満たす必要がある．

(1) 不変性： 測定中に電極反応と反応速度が変わらないこと．定常状態になりにくい系では，状態変化よりも十分に速く測定しなければならない．

(2) 因果性： 入力に応じた応答が生じること．ある時刻 t での応答は，それ以前の入力信号で決まり，t 以後の入力信号には左右されない．

(3) 線形性： 入力信号 $x_1(t)$ と $x_2(t)$ に対する応答信号がそれぞれ $y_1(t)$ と $y_2(t)$ のとき，入力信号 $\{px_1(t) + qx_2(t)\}$ に対する応答信号が $\{py_1(t) + qy_2(t)\}$ となる（p, q は定数），つまり重ね合わせの原理が成り立つこと．一般の電極反応で電位と電流の関係は本質的に非線形だが，入力（変調電位，変調電流）が微小なら線形とみてよい．通常，変調電位を 10 mV 程度以下にした線形近似のもとで測定・解析する．

2.6 クロノアンペロメトリー

クロノアンペロメトリー(chronoamperometry)は，もっとも基礎的な電気化学測定法の一つとなる．"クロノ(chrono-)"は時間，"アンペロメトリー"は電流(-ampero-)測定(-metry)だから，文字通りには"電極を流れる電流を時間に対してはかり，解析する方法"だが，電気化学ではふつう"電位ステップに対する電流の過渡応答解析"つまり電位(ポテンシャル)ステップ法をいう(図2.30)．

クロノアンペロメトリーは次の特徴をもつ．
① 測定原理が単純で，装置系もかなり簡単なものですむ．
② ファラデー電流と非ファラデー電流を区別して扱える．
③ 電位走査法などより定量性がよく，厳密な電解条件のもとで解析できる．

また代表的な用途には以下がある．
① 化学反応の有無，酸化還元電位などの基礎データがある系について，より厳密に反応を解析し，電極反応パラメーター(拡散係数，速度定数など)を求める．
② 溶存種の定量分析．
③ 電極やセルそのものの特性(充放電特性，時定数)の評価．

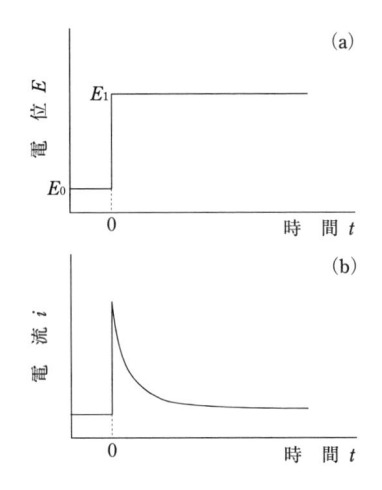

図 2.30 クロノアンペロメトリーの電位波形(a)と電流応答曲線(b)

2.6.1 測定原理

電極電位をステップさせたとき，界面では何が起こるのか？ 詳しい理論的扱いは成書にゆずり，現象論的に話を進めてイメージをつかもう．

a. 電気二重層の充放電（ファラデー反応のない場合）

2本の金属電極（作用電極と補助電極）を適当な電解液に浸し，外から電圧をかける（図2.31）．電極は不活性で，溶出などは起きないとする．

時刻 $t=0$ で回路を閉じ，両極間に電位差 ΔE をかける．回路を閉じる前後の電極界面の電位プロファイルがどうなるかを図2.32に描いた．まず図(a)を見ると，電極と溶液の内部電位差のため，回路を閉じる前も作用電極界面には電位差 $\Delta\phi_0^w$ ができている（自然電位）．電位勾配のある層（電気二重層）の厚さはふつう数nm以内と薄いが，図には誇張して描いた．むろんこの層は，作用電極だけで

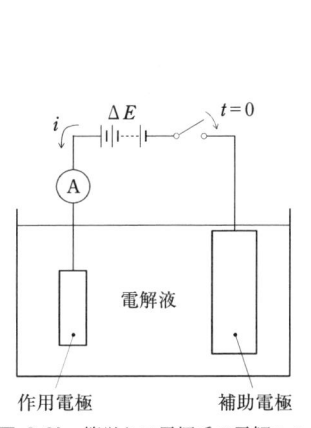

図 2.31 簡単な二電極系の電解セル

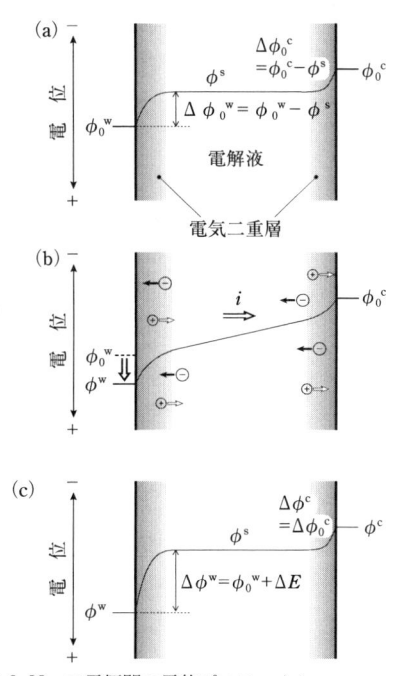

図 2.32 二電極間の電位プロファイル
(a) 初期状態 (b) 電位ステップ直後
(c) 新しくできた定常状態

なく補助電極の界面にもある．以下では作用電極上の現象だけを考えよう（外から加えた電位差は作用電極と溶液バルクとの電位差 $\Delta\phi^W$ を変えるのにすべて使われるとする．補助電極の面積が十分に大きければほぼそうなる）．

さて，回路を閉じた瞬間から系には大きな変化が現れる．それまで電極と静電的につりあって分布していた電極近傍の陽・陰イオンが，電極電位の急変を感じ，新しい平衡状態に向けて動きだす（図2.32(b)）．作用電極の電位がより正になったら，陽イオンは電極から遠ざかり，陰イオンは逆に近づいて，新しい平衡分布の電気二重層ができる（図(c)）．電荷をもつ粒子が動くため，この動きは外部回路に電流として観測される（補助電極側では逆の流れが起こる）．

以上の出来事は，電気二重層という一種のコンデンサーに，溶液という抵抗体を通して電流を流し，電荷 Q を充電（または放電）する過程と考えてよい．等価回路で表すと図2.33になり，観測される過渡電流は時間の指数関数となる．電流の減衰速度は時定数（抵抗 R と容量 C の積）で決まる．電極の二重層容量が大きいときや，溶液の抵抗が大きいとき，減衰は遅くなる．こうして電流の減衰曲線からセルの時定数がわかる．

b．ファラデー反応を伴う場合

酸化還元種を含む場合，電極の電位をステップさせれば，界面の電荷移動速度を瞬時に規制できる．次の単純な酸化還元反応についてそれを考えよう．

$$\mathrm{Ox} + ne^- \rightleftharpoons \mathrm{Red} \tag{2.48}$$

Ox は酸化体，Red は還元体，n は反応電子数を表す．溶液は十分な支持電解質を含み，静止しているとする．また溶液内には初め Ox だけが存在し，作用電極の電位は反応(2.48)の式量電位 $E^{\circ\prime}$ より十分に正とする．

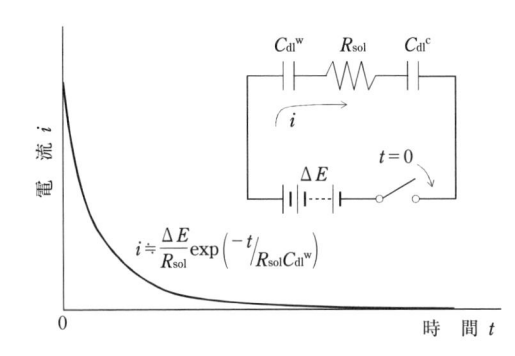

図2.33 電位ステップに対する電流応答曲線と等価回路

$$i \simeq \frac{\Delta E}{R_{\mathrm{sol}}} \exp\left(-t/R_{\mathrm{sol}}C_{\mathrm{dl}}^W\right)$$

時刻 $t=0$ で，電位を $E^{\circ\prime}$ より負，つまり還元反応が高速で進む電位にステップさせる．こうした条件なら，反応の可逆性に関係なく，電極表面で Ox の消費速度が供給速度を上回るため，電極反応は拡散律速になる．

反応物質の濃度プロファイルが時間とともに変わるようすを図 2.34 に示した．電極表面の Ox の濃度は，電解開始直後にゼロとなる．一方，低濃度部分に向け周囲から Ox が拡散で流れ込んでくるため，濃度の減少した領域(拡散層)は時間とともに溶液バルクのほうへ伸びていく(いまは反応種 Ox に注目しているが，生成物の Red も，拡散で電極近傍から溶液バルクへ運び去られる)．

電極表面における反応種 Ox の濃度勾配に注目しよう．電流 i は，フィックの第一法則により，表面での反応物の濃度勾配と次の関係をもつ．

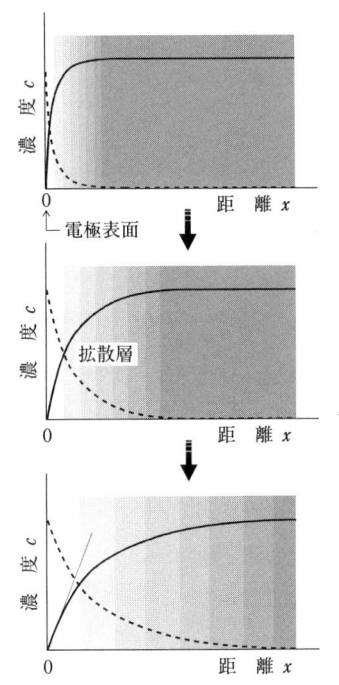

図 2.34 電極表面での酸化体 Ox(実線)と還元体 Red(破線)の濃度分布の時間変化

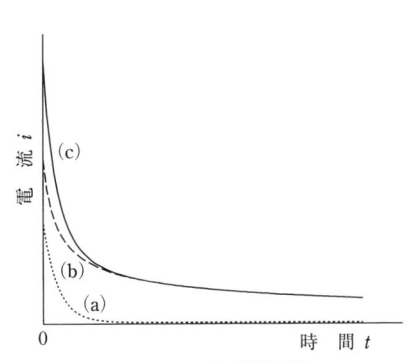

図 2.35 平板電極での電流-時間曲線
(a) 二重層充電電流 (b) 限界ファラデー電流 (c) 全電流((a)+(b))

$$i = -nFAD_O\left(\frac{\partial c_O}{\partial x}\right)_{x=0} = nFAD_R\left(\frac{\partial c_R}{\partial x}\right)_{x=0} \tag{2.49}$$

F はファラデー定数, A は電極の面積, D は拡散係数, c は濃度, x は電極表面から溶液バルクへ伸びる距離を表す. 図2.34でわかる通り, 濃度勾配は電解直後に最大で, しだいに減っていくから, 電流も小さくなっていく. 時間に対してどう減少するかは, 電極の大きさや形に応じた拡散方程式を解けばわかる.

もっとも単純な平板電極では, 次のコットレルの式が電流の時間変化を表す.

$$i = -nFAD_O c_O / \sqrt{\pi D_O t} \tag{2.50}$$

電流(限界ファラデー電流)は電解時間の平方根に反比例して減るため, 時間依存性は二重層の充電電流(指数関数)とは異なる (図2.35). 実際に観測されるのは, これら二つをあわせた電流である. 実験結果がコットレルの式にあうかどうか見るには, 電流 i と $t^{-1/2}$ の関係をグラフにすればよい(コットレルプロット). 理論通りなら原点を通る直線になる. 直線部分の勾配から濃度や拡散係数が見積もれるし, 式(2.50)の分母は拡散層の時間的広がりの目安となる. たとえば $D = 1.0 \times 10^{-5}$ cm^2 s^{-1} として計算すれば, 拡散層の厚みは電位ステップの1秒後に約56 μm, 10秒後に約177 μm だとわかる.

2.6.2 実験と結果の解析

クロノアンペロメトリーを行うには, 汎用のポテンショスタット, 電位ステップを与えるファンクションジェネレーターと, 記録装置がいる. 電流の過渡応答はふつうマイクロ秒～ミリ秒～数十秒ではかるが, 短時間域の波形を正しく記録するにはストレージスコープなどを使う. コンピュータ制御のポテンショスタットを用いるのが最善だが, 以下の実験は Y-t レコーダーを用いてもできる.

a. 平板拡散のクロノアンペログラム

10 mM のヘキサシアノ鉄(II)酸カリウム K$_4$[Fe(CN)$_6$] を含む 0.5 M 硫酸ナトリウム溶液と, 0.5 M 硫酸ナトリウムだけ含む水溶液をつくる(脱気はしなくてよい). 作用電極には直径 1～5 mm の金か白金のディスク電極を使う(電極の作成法は1章参照. 面積が明確なもの). 補助電極は白金線, 基準電極は飽和カロメル電極(SCE)か銀-塩化銀電極とする. 以下の話は SCE 基準としよう.

（ i ） まず支持電解質だけ含む溶液でバックグラウンド測定を行う．レコーダーの t 軸を $1\,\mathrm{cm\,s^{-1}}$ 以上の速さにセットする．スタートさせたのち，適当な位置にペンが来たとき電位を $0.0\,\mathrm{V}$ から $0.5\,\mathrm{V}$ までステップさせ，以後 0～10 秒くらい記録する．得られる曲線は二重層の充電電流を表すが，立ち上がりから 0.5 秒くらいまではレコーダーの応答が鈍いためひずみやすく，解析しても C と R の正しい値は得られない．

（ ii ） 次に $K_4[Fe(CN)_6]$ 溶液に替える．サイクリックボルタンメトリーもできるなら，電位ステップの前に 0.0～0.5 V の範囲を走査してみるとよい．図 2.36 のような(準)可逆ボルタモグラムが得られるだろう(図から，式量電位が $0.20\,\mathrm{V}$ 付近だとわかる)．

続いて 0.0～0.5 V 間の電位ステップを行う．レコーダーの Y 軸感度やポテンショスタットの電流感度は，バックグラウンド測定のときより 1 桁ほど下げたほうがよい．先に測定したバックグラウンドと比べ，電流がはるかに大きいとわかる（図 2.36）．0.5 秒おきに電流値を読み取り，図 2.37 のように $t^{-1/2}$ に対してプロットする．ほぼ原点を通る直線が得られるはずで，その直線の傾きから式 (2.50) により拡散係数 D を求める．$7\times10^{-6}\,\mathrm{cm^2\,s^{-1}}$ 前後となるだろう．

（iii） 今度はステップ先の電位を変えてみる．0.1～0.7 V の範囲を 50 mV おきに測定すると，ステップ電位幅が小さいうちは電流も小さいが，ある程度大きく

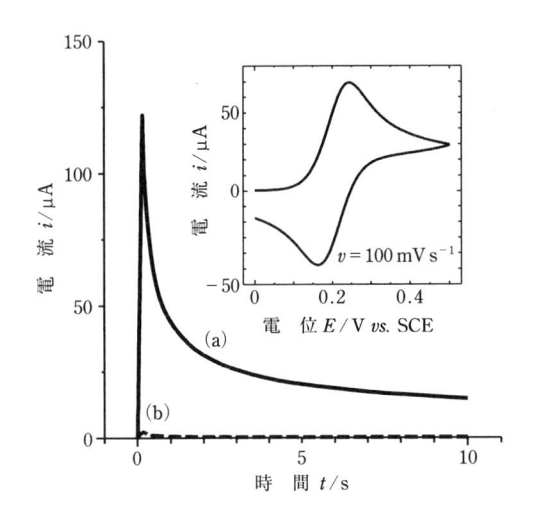

図 2.36 直径 2 mm の金ディスク電極を用いて測定したクロノアンペログラム
(a) 10 mM $K_4[Fe(CN)_6]$ を含む場合　(b) 支持塩(0.5 M Na_2SO_4)だけの場合
$E_0 = 0.0\,\mathrm{V}$,
$E_1 = 0.5\,\mathrm{V}$ vs. SCE.

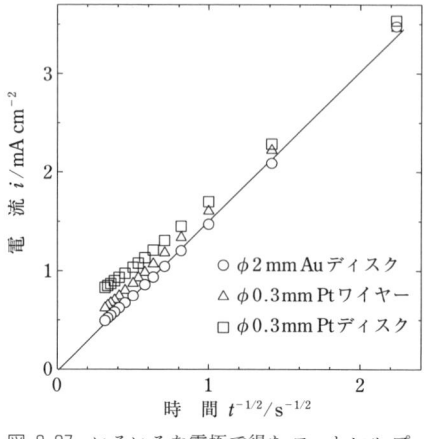

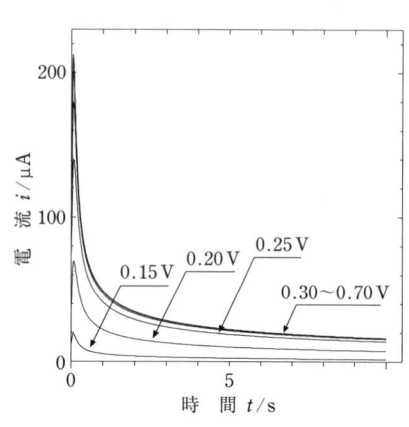

図 2.37 いろいろな電極で得たコットレルプロット 測定条件は図 2.36 と同じ．

図 2.38 ステップ先の電位 (E_1) を変えたクロノアンペログラム

すると電流はもはや大きくならない(図 2.38 では 0.3 V 以上)．この電位域では反応が拡散律速になっている．コットレルの式を使う解析は，そういう電位にステップさせて行う．

b. 電極の形やサイズを変えてみる

電極の形やサイズを変えたらどうなるか？ たとえば直径 0.5 mm のディスクや細いワイヤー電極で同じ実験をしてみる．コットレルプロットをつくると，見た目は直線状でも，t の大きい部分を延長したら原点を通らなくなる(図 2.37)．この現象は電極のサイズが小さいほど目立ち，そうなった場合，式(2.50)のコットレルの式は解析には使えない．

2.6.3 Q&A

Q： 実験をするときの注意点は？

A：
○ 電位ステップを連続的に行うときは，電極近傍の濃度分布を初期状態に戻すために時間を十分おく(溶液をかくはんしてから静置するのもよい)．
○ 測定中は溶液に振動を与えない．
○ 解析対象にする時間域は，電位ステップ直後から，自然対流などの影響が

現れない数十秒くらいまでとするのがよい．

○ 電気化学系自身ではなく，周辺装置による応答の遅れも生じるので，それによく注意する．ポテンショスタット固有の時定数は意外と見逃しやすい(フィルターはかけない)．微小電流をはかるときはとくに注意しよう．また溶液抵抗が大きいと影響を受けるので注意する．

○ いちばん大事なこと： あらかじめサイクリックボルタンメトリーなどで測定系のおよその姿(酸化還元電位，可逆性，化学反応の有無など)をつかんでおく．

Q： t の小さいところで電流にピークが出る理由は？

A： 上の取り扱いでは，時刻 $t=0$ でいきなり拡散律速のファラデー反応が起こる，つまり電気二重層の充電が瞬時に終わると仮定したが，電気二重層の充電には一定の時間がかかる．式(2.50)によると $t \to 0$ で電流は無限大となるはずのところ，実測値は装置の応答特性などもからんで有限になる．そのため，ステップ直後ごく短時間のデータは解析に使えない．高濃度の電解液に浸した金属電極なら，数ミリ〜数十ミリ秒で充電はほぼ終わるから，以後はファラデー電流だけ観測されると考えてよい．反応種の吸着や析出などが並行して起こる場合は，単純な取り扱いができなくなるので注意したい．

2.7 クーロメトリー

狭い意味のクーロメトリーとは，比較的長い時間をかけた電流効率100%の定電流電解で目的物質の全量を変化させ，ファラデーの法則をもとに定量する電量滴定法をさす．もう少し広義には，定電位電解も含めたバルク電解による電量分析，電極反応による有機物の合成や酸化還元種の生成，反応電子数の決定なども含める．

一方，短時間に目的物質の一部だけ電解する測定法のクロノクーロメトリーがある．これはクロノアンペロメトリーの電流応答を時間で積分し，電荷量から解析するもので，電気化学活性種の吸着挙動を調べるのに役立つ．両者は原理的にかなり異なるが，ファラデーの法則を使い，電極反応の結果得られた電気量を解析する点は共通している．

クロノクーロメトリーでは，注目した化学種のバルク濃度が変わらないと見なせる時間スケールで測定を行う．

還元反応を例に，電極で反応する物質が吸着しない場合を考える．クロノアンペロメトリーと同じ要領で作用電極の電極をステップさせると，図2.39のように，コットレルの式

$$i = nFAc(D/\pi t)^{-1/2} \tag{2.51}$$

で表されるファラデー電流と，電気二重層の充電により短時間に減衰する電気二重層の充電電流 i_c を含む電流が流れる．全電荷量 Q は以上2成分の時間積分だから次式のように表せる．

$$Q = \int nFAc(D/\pi t)^{1/2} dt + \int i_c dt \tag{2.52}$$
$$= 2nFAc(Dt/\pi)^{1/2} + Q_c \tag{2.53}$$

時間 t の平方根に対する電荷量 Q のプロット（Ansonプロット）は切片 Q_c をもつ直線となり，傾きが電極活性種の濃度に比例する．電荷量は時間とともに増加するため，クロノアンペロメトリーよりも応答のSN比がよい．

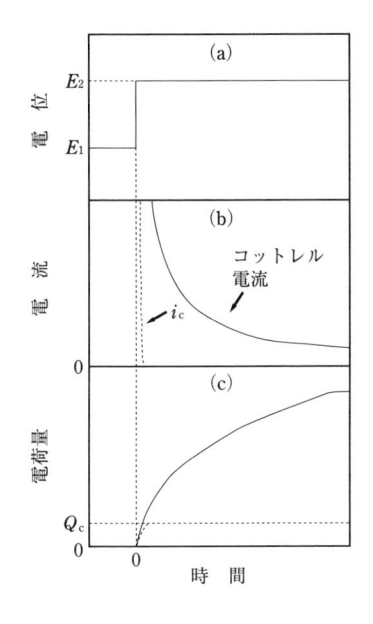

図 2.39 クロノクーロメトリーの典型的な電極電位，電流と電荷量の時間に対する関係
(a) 時刻 $t=0$ での電極電位を E_1 から E_2 へステップする　(b) 電位ステップに対する電流応答(実線)．破線は電極活性種がない場合に得られる電流応答　(c) (b)の二つの電流応答を時間で積分したもの

2.7.1 実験方法

【実験 I 】　クーロメトリーによる反応電子数の決定

酸素の還元による過酸化水素の生成を例にしよう．定電流電解は二電極で行い，作用電極をカーボン，補助電極を白金線としてガルバノスタットを使う．電解の進行をモニターするためのサイクリックボルタンメトリー (CV) は，作用電極をグラッシーカーボン (GC．直径1mm)，基準電極を銀-塩化銀電極 (Ag|AgCl)，補助電極を白金線とした三電極系で行い，ポテンショスタット，ファンクションジェネレーターと X-Y レコーダーを用いる．ポテンショスタットとガルバノスタットの両機能をもつ機種なら切り替えて使う．$0.1\,\mathrm{M}$ (M：$\mathrm{mol\,dm^{-3}}$) の水酸化ナトリウムを含む $0.5\,\mathrm{M}$ 塩化カリウム水溶液 (100 mL) を調製し，酸素を十分に吹き込んで飽和させた溶液を準備する．

① まず，走査速度 $100\,\mathrm{mV\,s^{-1}}$ で，$0\,\mathrm{mV}$ から $-550\,\mathrm{mV}$ 範囲の CV 測定を行う．

② 次に電極系をガルバノスタットにつなぎ替え，$-10\,\mathrm{mA}$ で1分間の定電流電解をしたのち，①と同様に CV 測定を行う．

③ 定電流電解時間を2分から1分ずつ変えて②の操作を繰り返す．

【実験II】 クロノクーロメトリー

電極反応が単純で速いヘキサシアノ鉄(II)酸カリウム $K_4[Fe(CN)_6]$ の酸化をとりあげる．作用電極を直径1mmのGC，基準電極を Ag｜AgCl，補助電極を白金線とした三電極系とする．1mM，5mM，10mM の $K_4[Fe(CN)_6]$ を含む0.5 M Na_2SO_4 水溶液と，0.5 M Na_2SO_4 だけ含む水溶液を準備する．電位は酸化方向にステップするので脱酸素は必要ない．

測定はクロノアンペロメトリーと同じ要領で行い，コンピュータ制御のポテンショスタットを用いる．電流-時間曲線を Anson プロットに変換する機能をもつ機種が多い．

① Na_2SO_4 水溶液中，電位を0mVから500mVまで250ミリ秒間ステップし，電流-時間曲線を記録する．
② $K_4[Fe(CN)_6]$ を含む溶液に替え，$K_4[Fe(CN)_6]$ の濃度が低いものから同様の測定を行う．

2.7.2 実験結果

【実験I】 得られたCV曲線の還元ピーク電流と経過時間の関係を図2.40(b)に示す．$O_2 + 2H^+ + 2e^- \rightarrow H_2O_2$ の反応に相当する還元電流が，時間(通電量)に比例して減少している．直線を外挿すれば，飽和濃度1.25mMの酸素の全量(0.125mmol)を過酸化水素へ還元するのに約45分かかるとわかり，通電量27Cから反応電子数 $n=2$ が得られる．

【実験II】 電荷量と時間のプロットが図2.41，電荷量を $\sqrt{t}$ に対してプロットし直したものが図2.42である．バックグラウンド応答は電気二重層の充電電気量を表す(この場合 $Q_c = 0.3$ μC)．$K_4[Fe(CN)_6]$ が存在する場合の切片とバックグラウンドの切片はよく一致している．電極反応の前に吸着が起これば，吸着種の電解に要した電気量だけ切片が大きくなる．(b)，(c)，(d)の傾きはそれぞれ0.06，0.3，0.6 μC ms$^{-1/2}$ で，濃度に比例している(式(2.54)参照)．

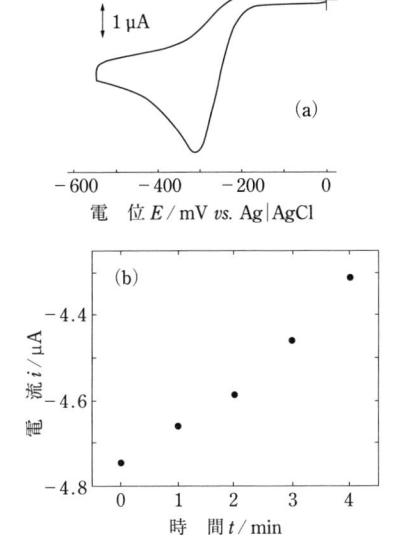

2.7 クーロメトリー　113

図 2.40　定電流クーロメトリー (10 mA) を行う前に得た酸素 (0.125 mM) の CV 曲線 (a) と CV 曲線のピーク電流値と，定電流還元した時間の関係 (b)

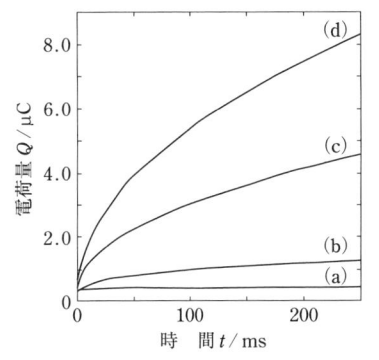

図 2.41　0.5 M Na_2SO_4 中の $K_4[Fe(CN)_6]$ について行ったクロノクーロメトリーでの電荷量と時間の関係
$K_4[Fe(CN)_6]$ 濃度：0 mM(a)，1 mM(b)，5 mM(c)，10 mM(d).

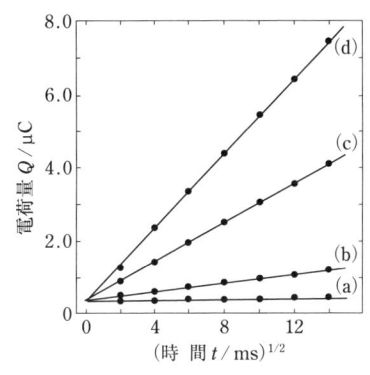

図 2.42　0.5 M Na_2SO_4 中の $K_4[Fe(CN)_6]$ について行ったクロノクーロメトリーでの電荷量と時間の平方根の関係
$K_4[Fe(CN)_6]$ 濃度：0 mM(a)，1 mM(b)，5 mM(c)，10 mM(d).

2.7.3 Q&A

Q: 定電位電解を行うさいの注意点は？

A: あらかじめ CV 測定などで系の挙動を調べ，目的反応以外の電極反応による妨害がなく電流効率が 100％ となる電位を選ぶ．電荷量測定には市販のクーロメーターも使えるが，高精度を必要としない場合は，ポテンショスタットの出力を X-Y レコーダーに電流-時間応答として記録し，図積分で求めてもよい．

Q: 定電流電解で反応電子数 n を求めるには？

A: ガルバノスタットから小さい定電流 i を通電すると，電流効率が 100％ なら目的物質のバルク濃度は通電時間に比例して減るため，濃度を CV 測定などでモニタリングすれば全量を電解するのに必要な時間 t がわかり，その電荷量 ($i \times t$) も求まる．

Q: 反応物質の吸着がある場合は？

A: 電極反応する物質が電位ステップ前に吸着している場合，電位をステップすると吸着種は速やかに酸化または還元され，電荷量はごく短時間に増加し，そのあとは通常の応答となる．このとき全電荷量は次式で表される．

$$Q = 2nFAc(Dt/\pi)^{1/2} + Q_c + Q_{ads} \tag{2.54}$$

Q_{ads} は吸着種の電解に要する電荷量を示す．Anson プロットは切片が $Q_c + Q_{ads}$ となり，直線の傾きは吸着種に影響されない．Q_{ads} と吸着種の表面濃度 Γ (mol cm^{-2}) はファラデーの法則から

$$Q_{ads} = nFA\Gamma \tag{2.55}$$

の関係にあるため，吸着種を直接定量できる．

吸着種が電気二重層容量を変えることもある．その場合は電位を E_0 から E_1 へステップしてから再び E_0 へ戻す方法が有効で，電極反応に関与する反応種や生成種の吸着の有無を判定するのに役立つ．

2.8 クロノポテンショメトリー

　ポテンショメトリーは電位測定なので，"クロノ(時間)"をつけたクロノポテンショメトリーは"電位の時間変化を追跡する測定法"になる．ふつうは作用電極に一定電流を流して電位の時間変化を測定し，電気化学反応についてのさまざまなパラメーターを求める．

2.8.1 実験方法

a．測定に必要な道具だて

　測定装置：　電解セルは，定常分極曲線測定や CV 測定に用いるものと同じでよい．測定にはガルバノスタットを使う．

　作用電極：　本節のクロノポテンショメトリーでは電解液に溶けた物質の酸化還元反応を扱うため，作用電極は不溶性電極とする(ここでは白金を使う)．測定結果から反応物質の濃度を求めるには面積を正確に知る必要があるため，鏡面研磨した白金が望ましい．しかし本実験は定量分析が目的ではないから，白金板を適当な大きさに切り，アセトンで脱脂したのち，試験面以外をテフロンテープなどで覆って使う(図 2.43)．

　補助電極：　白金など不溶性の金属を用いる．測定中に補助電極で起こる反応が溶液組成を大きく変える心配がなければ補助電極を作用電極と同じ容器に浸してもよいが，心配なときはガラスフィルターなどで隔てる．

　基準電極：　飽和カロメル電極(SCE)か飽和銀-塩化銀電極(Ag｜AgCl)を使う．

　試験溶液：　クロノポテンショメトリーは，反応物質の作用電極表面への拡散が律速する条件下で行う(理由は後述)ため，反応物は mM (M：mol dm^{-3}) レベルの低い濃度とする．本実験では塩化鉄(III) (FeCl$_3$) を 10 mM，支持電解質として塩酸を 1 M 含む試験溶液を使う．

b．実験方法

　①　400 mL の試験溶液を入れた 500 mL のビーカーを恒温水槽に浸し，温度を 25°C に設定する．

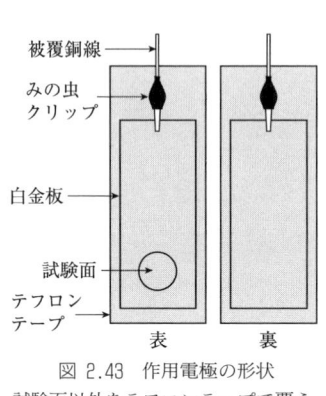

図 2.43 作用電極の形状
試験面以外をテフロンテープで覆う．

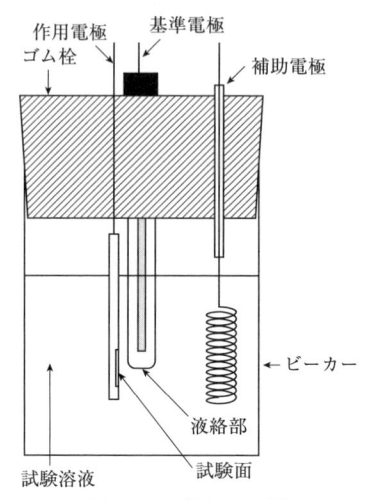

図 2.44 電解セルの例

② 試験溶液に試験面 $0.785\,\mathrm{cm^2}(10\,\mathrm{mm}\,\phi)$ の作用電極，基準電極，補助電極を図 2.44 のように浸し，ガルバノスタットにつなぐ．

③ 自然電位が安定するまで待つ(10 分程度)．

④ 作用電極に 0.2 mA の還元電流が流れるようガルバノスタットを設定する．

⑤ 電解を始め，電位の時間変化を記録する．

⑥ 電位が $-0.2\,\mathrm{V}$ よりも負になり，電位の時間変化がきわめて小さくなったら測定を終える．

⑦ 作用電極を取り出し，純水で洗浄したのち水分を沪紙で吸い取り，再び浸して自然電位が安定するまで待つ．電位が前回と同じにならなければ試験溶液を更新する．

⑧ 作用電極に 0.3 mA の還元電流が流れるようガルバノスタットを設定し，前記⑤，⑥の操作を行う．

2.8.2 実験結果と解析

得られた電位-時間曲線(クロノポテンショグラム)を図 2.45 に示す．この図か

ら図2.46の作図法により遷移時間 τ と四分波電位 $E_{\tau/4}$ を求める．τ までの時間内にはおもに還元反応

$$Fe^{3+} + e^- \longrightarrow Fe^{2+} \tag{2.56}$$

が進み，$E_{\tau/4}$ はこの反応に特有の値を示す．また，反応が Fe^{3+} の拡散律速になっていれば，$E_{\tau/4}$ は酸化体(Fe^{3+})の濃度，作用電極の面積，電流のどれを変えても変わらない．本実験の $E_{\tau/4}$ は，電流値 0.2 mA で 0.400 V，0.3 mA で 0.401 V となり，電流値でほとんど変わらないためこの条件が満たされている．本実験ではどのような還元反応が起こるか最初からわかっていたが，未知の場合は $E_{\tau/4}$ 値から反応の種類を特定できる．なお，厳密にいうと拡散係数は温度で変わり，それに伴って $E_{\tau/4}$ も変わるが，ふつうはほとんど無視できる．

拡散律速のもとでは，作用電極表面の酸化体(Fe^{3+})濃度が 0 になるまで反応が進む．この 0 になるまでの時間が遷移時間 τ で，以後はプロトンの還元反応($E° = -0.24$ V $vs.$ SCE)がおもに進むようになる．

この τ から定量的な情報が得られる．いま還元反応を

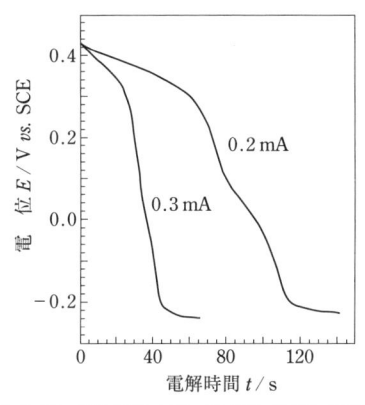

図 2.45　1 M 塩酸＋10 mM 塩化鉄(III) の試験溶液に 0.2 mA または 0.3 mA の還元電流を流したときのクロノポテンショグラム
作用電極の面積は $0.785\,\mathrm{cm}^2$．

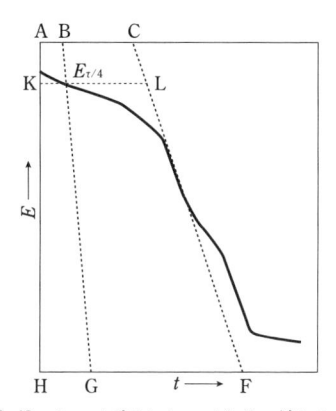

図 2.46　クロノポテンショメトリー法における遷移時間と四分波電位の作図法
τ を求めるには，ゆるやかな電位変化に続いて見られる急激な電位変化部の直線領域を延長し，CF を作図する．次に AB : BC = HG : GF = 1 : 3 となる BG を求め，E-t 曲線と BG の交点 ($E_{\tau/4}$) で t 軸に平行に引いた直線 KL の長さを τ とする．

$$\text{Ox} + ne^- \longrightarrow \text{Red} \tag{2.57}$$

と一般化し，電解前の酸化体(Ox)の濃度を $c_O{}^*(\text{mol cm}^{-3})$，還元電流を $i(\text{A})$，作用電極の面積を $A(\text{cm}^2)$，Ox の拡散係数を $D_O(\text{cm}^2\,\text{s}^{-1})$ とすれば，

$$\frac{i\sqrt{\tau}}{c_O{}^*} = \frac{nFA\sqrt{D_O}\sqrt{\pi}}{2} \tag{2.58}$$

が成り立つ．これをサンドの式とよぶ（F はファラデー定数）．

電流や酸化体の濃度を変えても $i\tau^{1/2}/c_O{}^*$ が変わらなければ，電極反応は拡散律速になっている．本実験で得られた $i\tau^{1/2}/c_O{}^*$ は，電流値 0.2 mA で 152 A s$^{1/2}$ mol^{-1} cm^3，0.3 mA で 153 A s$^{1/2}$ mol^{-1} cm^3 となり，電流値には依存しない．この場合，式(2.58)を用いて，酸化体の濃度がわかっているときは拡散係数が，また拡散係数がわかっているときは濃度が求められる．そのため，既知濃度の試験溶液で拡散係数を求めておけば酸化体が定量できる．サンドの式はむろん酸化反応にも適用できる．

2.8.3 Q&A

Q： 四分波電位 $E_{\tau/4}$ は何を意味するのか？

A： 式(2.57)の反応が可逆なら，拡散を扱うフィックの第二法則とネルンストの式より，作用電極の電位 E は

$$E = E^\circ + \frac{RT}{nF}\ln\frac{\gamma_O\sqrt{D_R}}{\gamma_R\sqrt{D_O}} + \frac{RT}{nF}\ln\frac{\sqrt{\tau}-\sqrt{t}}{\sqrt{t}} \tag{2.59}$$

と書ける．γ_O と γ_R は Ox と Red の活量係数を表す．

この式から，電解時間が τ に近づくにつれて電位が急変するとわかる．また，右辺第3項は $t = \tau/4$ のとき 0 になるから，電解を始めて時間 $\tau/4$ が経過したときの電位，つまり四分波電位は，

$$E_{\tau/4} = E^\circ + \frac{RT}{nF}\ln\frac{\gamma_O\sqrt{D_R}}{\gamma_R\sqrt{D_O}} \tag{2.60}$$

と表される．濃度が十分に低ければ γ_O と γ_R は 1 と見てよいため，Ox と Red の拡散係数が近ければ四分波電位は標準電極電位に近い値を示す．式(2.56)の反応に対応する標準電極電位は 0.526 V *vs.* SCE で，$E_{\tau/4}$ の実測値 0.4 V はそれに近

い．

Q: 反応が不可逆のときは？

A: 式(2.57)の反応が還元方向だけに進む不可逆系だと，電流は
$$i = nFAkc_0 \tag{2.61}$$
と表される．k は反応速度定数で，
$$k = k° \exp\left[-\frac{\alpha F}{RT}(E - E°)\right] \tag{2.62}$$
と書け，$k°$ は平衡状態の速度定数，α は電荷移動係数を示す．

これらの式とフィックの第二法則およびネルンストの式から
$$E = E° + \frac{RT}{\alpha F} \ln \frac{2k°}{\sqrt{D_0}\sqrt{\pi}} + \frac{RT}{\alpha F} \ln(\sqrt{\tau} - \sqrt{t}) \tag{2.63}$$
が得られる．式(2.63)より，E を $\ln(\tau^{1/2} - t^{1/2})$ に対してプロットすれば，直線の傾きから α が求まる．

Q: 反応が可逆か不可逆かを見分けるには？

A: 反応が可逆なら，式(2.59)でわかる通り，E を $\ln[(\tau^{1/2} - t^{1/2})/t^{1/2}]$ に対してプロットすると傾き RT/nF の直線になる．図 2.47 は本実験結果と同様にプロットしたものだが，傾き $RT/F = 0.0257\,\mathrm{V}$ の直線領域があるため，

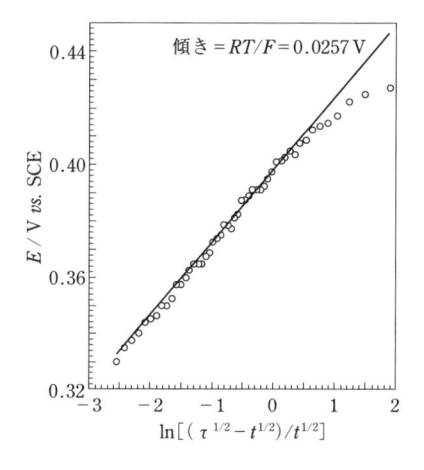

図 2.47　1 M 塩酸＋10 mM 塩化鉄(III) の試験溶液に 0.2 mA の還元電流を流したときの $\ln[(\tau^{1/2} - t^{1/2})/t^{1/2}]$ と電位 (E) の関係　作用電極の面積は 0.785 cm²．

可逆な反応だとわかる．

Q： 電気二重層の充電電流の影響は？

A： クロノポテンショメトリーでは，流した電流の一部は電気二重層の充電にも使われるため，遷移時間は電気二重層がないときより長くなるほか，電位-時間曲線にひずみが生ずる．この非ファラデー電流の影響はファラデー電流が大きいほど小さいので，電流値を変えても $i\tau^{1/2}/c_0^*$ と $E_{\tau/4}$ が変わらない領域で測定すれば問題ない．

2.9 パルスボルタンメトリー

サイクリックボルタンメトリー(CV)などの電位走査法では，電位が時間とともに変わるので，電気二重層の充電を伴いながら界面の電子授受反応が進む．そのため両者の電流を区別しにくい場合も多い．かたや電位ステップ法では，電気二重層の充電はステップ直後にたちまち終わるから，以後の電流はほぼファラデー電流とみてよい．この特徴をいかし，毎回少しずつ違うパルス状の電位を周期的に与え，一定時間ごとに電流をはかる手法をパルスボルタンメトリーという．パルスボルタンメトリーは以下の特色をもつ．

① 充電電流の寄与が少ないため，電位走査法などと比べて測定感度が高く，微量分析に適する．

② ファラデー電流成分を抽出するので，電極反応がより精密に解析できる．電流のサンプリング時間を変えれば，速度論的パラメーター(速度定数 k，移動係数 α)が求まる(具体的な解析法はここでは触れない)．

以下では，電極に与えるパルス波形と信号(測定電流)の処理法が異なる三つの手法，ノーマルパルスボルタンメトリー，微分パルスボルタンメトリー，方形波ボルタンメトリーを紹介しよう．

2.9.1 実験方法

セルの準備

試験溶液： 5 mM ヘキサシアノ鉄(II)酸カリウム $K_4[Fe(CN)_6]$ を含む 0.5 M 硫酸ナトリウム(Na_2SO_4)水溶液．

作用電極： 白金ディスク電極(直径 2 mm 程度)．

基準電極： KCl 飽和の銀-塩化銀電極(Ag | AgCl)．

補助電極： 白金線(または白金板)．

測定装置

作用電極にさまざまなパルス波形の電位を加えるのに，特殊なファンクションジェネレーターを要する．電流のサンプリングはパルス印加と同期させて行う．装置系を自作するより，市販のコンピュータ制御ポテンショスタットを使うこと

をすすめる．

a. ノーマルパルスボルタンメトリー(normal pulse voltammetry, NPV)

電極に図 2.48 のような矩形波状のパルス(パルス幅 t_p は通常 5〜100 ms)を一定時間おきに繰り返し加える．パルス高さは少しずつ($\Delta E = 2〜20$ mV)変え，最後は終了電位とする．電流のサンプリングは，各パルスの印加開始から一定時間(t_m)後に行い，横軸にパルス電位($E_1 + \Delta E$)，縦軸に電流値をとって結果を図示する．これをノーマルパルスボルタモグラム(NPV 曲線)という．

パルス電位を加えると一瞬だけ電解が進み，そのせいで変わる電極表面近くの反応種濃度をもとの値に戻すため，電位パルスを与えた後は十分な時間をおいてから次のパルスを与える．時間差はふつう 0.5〜5 秒とするが，パルス幅によっても異なり，長いパルスを与えたあとは長くする(次の微分パルス法でも同様)．

b. 微分パルスボルタンメトリー(differential pulse voltammetry, DPV)

パルス高さ(ΔE)を一定に保ちながら，パルス印加後の電位を順方向に少しずつ変えていく(図 2.49)．電流のサンプリングはパルスを与える直前(時刻 t_{m1})と与えた後(時刻 t_{m2})の 2 箇所で行い，その差分($\Delta i = i(t_{m2}) - i(t_{m1})$)をグラフに描く(微分パルスボルタモグラム，DPV 曲線)．

c. 方形波ボルタンメトリー(square wave voltammetry, SWV)

DPV 法よりも大きい振幅のパルスを等時間間隔に与え(方形波)，平均印加電位をサイクルごとに少しずつ進めながら，調べたい電位範囲を走査する．電流のサンプリングはサイクルあたり順・逆方向の印加電位について行う(図 2.50 では

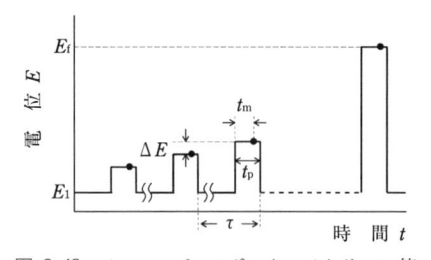

図 2.48 ノーマルパルスボルタンメトリーに使う印加電位の波形
　　E_1 は初期電位，E_f は終了電位，ΔE はパルス増分，t_p はパルス幅，t_m はサンプリング時間，τ は周期を表す．

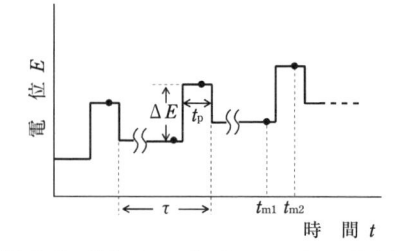

図 2.49 微分パルスボルタンメトリーに使う印加電位の波形
　　ΔE はパルス高さ，t_p はパルス幅，t_{m1} と t_{m2} は電流のサンプリング時刻，τ は周期を表す．

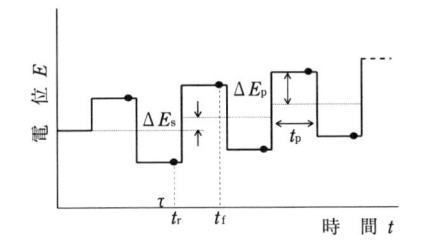

図 2.50 方形波ボルタンメトリーに使う印加電位の波形
ΔE_p は方形波の振幅，ΔE_s はステップ電位幅，t_p はパルス幅（＝1/2 周期），t_f と t_r はそれぞれ順および逆方向の電位ステップ印加時における電流のサンプリング時刻を表す．

それぞれ時刻 t_f, t_r）．方形波の周波数（通常 $f=1\sim500\,\mathrm{Hz}$）と電位の進め方（図の ΔE_s）で全体の測定時間が決まるが，たとえば $\Delta E_s=10\,\mathrm{mV}$，$f=1\sim500\,\mathrm{Hz}$ なら $10\,\mathrm{mV\,s^{-1}}$ から $5\,\mathrm{V\,s^{-1}}$ の速さにあたり，ここに紹介した他のパルス測定法のうちでは測定時間をもっとも短縮できる．ほぼ CV 法と同じ速さで測定が終わると思えばよい．

2.9.2 実験結果

a．ノーマルパルスボルタンメトリー

$[\mathrm{Fe(CN)_6}]^{4-}$ の酸化を表す NPV 曲線を図 2.51 に描いた．CV 法の場合とは異なり，ピークのない S 字形曲線になっている．電流のサンプリング時間が短いほど電流値が大きくなるのは，2.6 節で見た通り，電位ステップ後の電流が急激に減衰するからである．印加電位に依存しない一定電流値（限界電流 i_d）をサンプリング時間に対してプロットすればクロノアンペログラムと同じ直線が得られ，その挙動は式(2.50)と同形のコットレルの式で表される（そのため限界電流値は定量分析に使える）．

$$i_d = \frac{nFAD_R^{1/2}c_R}{\pi^{1/2}t_m^{1/2}} \tag{2.64}$$

電流が i_d の 1/2 になる電位を半波電位といい，可逆反応ならサンプリング時間によらず一定値となる（可逆半波電位 $E_{1/2}$）．非可逆性があると，サンプリング時間が短いほど波形が後ろに倒れ込む形となり，そのずれを解析すれば速度論的パラメーターが得られる．

b．微分パルスボルタンメトリー

上と同じ測定系で得た微分パルスボルタモグラムを図 2.52 に示す．左右対称

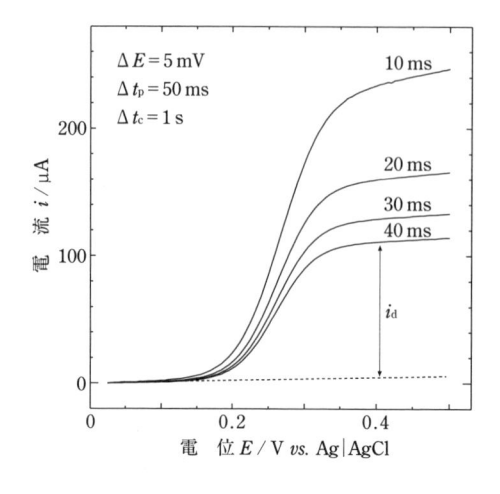

図 2.51 5 mM $K_4[Fe(CN)_6]$ のノーマルパルスボルタモグラム
0.5 M Na_2SO_4 水溶液，白金ディスク電極（直径 2 mm）．曲線上の数字はサンプリング時間（t_m）．

に近いピークが現れ，反応が可逆ならピーク電位は $E_{1/2}^r - \Delta E$ に等しい．また，ピーク電流は次式の通り濃度に比例するため，定量分析に使える．

$$\Delta i = \frac{nFAD_R^{1/2}c_R}{\pi^{1/2}(t_{m2}-t_{m1})}\left(\frac{1-\sigma}{1+\sigma}\right) \tag{2.65}$$

σ は次式のパラメーターを表す．

$$\sigma = \exp\left(\frac{nF}{RT}\frac{\Delta E}{2}\right) \tag{2.66}$$

この場合もサンプリング時刻 t_{m2} が遅いほど電流値は小さい．NPV 法と比べ，差分をとるから電流値自身は落ちても，充電電流の寄与がさらに減るので感度は

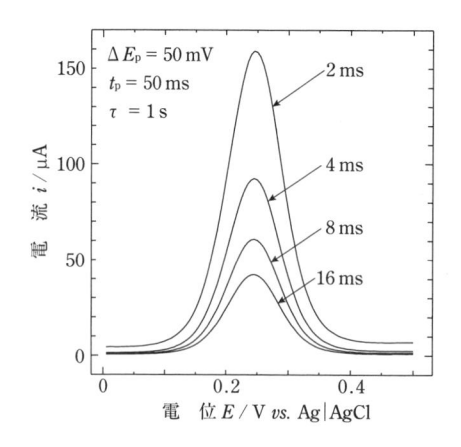

図 2.52 微分パルスボルタモグラムの測定例
電極・溶液は図 2.49 に同じ．曲線上の数字は電位ステップからサンプリングまでの時間．

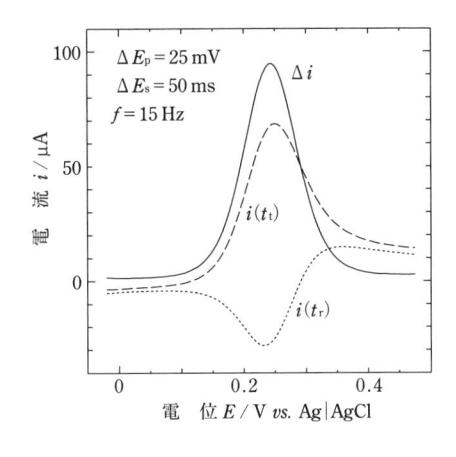

図 2.53 方形波ボルタモグラムの測定例
(Δi で示した曲線)
他の測定条件は図中に示す．電極・溶液は図 2.50 に同じ．

ほぼ 1 桁よく，検出限界は 10^{-8} M レベルになる．式量電位の近い複数の反応を識別しやすいという利点もある．

c．方形波ボルタンメトリー

$\Delta i = i(t_f) - i(t_r)$ を平均電位に対してプロットするが，$i(t_f)$ や $i(t_r)$ 自身も有用な情報を含むため，ふつうはこれらも記録する．ボルタモグラムは DPV と同じく左右対称なベル形で(図 2.53)，可逆反応ならピーク電流が基質濃度に比例するから定量分析に役立つ．

2.9.3　Q&A

Q：　パルスボルタンメトリーの使いみちは？

A：　電気化学過程の速度論的解析や高感度定量分析に役立つ．とくに SWV 法は CV 法に匹敵する速さで測定でき，感度も高い．とはいえ，まずは CV 法で系の初期診断(反応電位や化学反応の有無など)をしておくのがよい．パルスボルタンメトリーは正・逆両方向の電位変化でほぼ同じボルタモグラムを生むため，逆走査をしても意味はない(CV では逆走査の結果も有用な情報を含む)．

Q：　それぞれの測定感度は？

A：　CV 法とパルス法の感度を比べた例を図 2.54 に示した．CV では電流ピークが判別しづらく解析もしにくいが，DPV や SWV は明瞭なピークを生

む．縦軸の値を見ると，SWV 法では DPV 法の数分の一しかなく，バックグラウンドが効果的に除けている．また SWV 法は波形のひずみも少ないので，厳密な解析に向く．このように，DPV 法に匹敵する感度をもち，測定も迅速な SWV 法は，パルス法のうちでとくに注目を集めつつある．

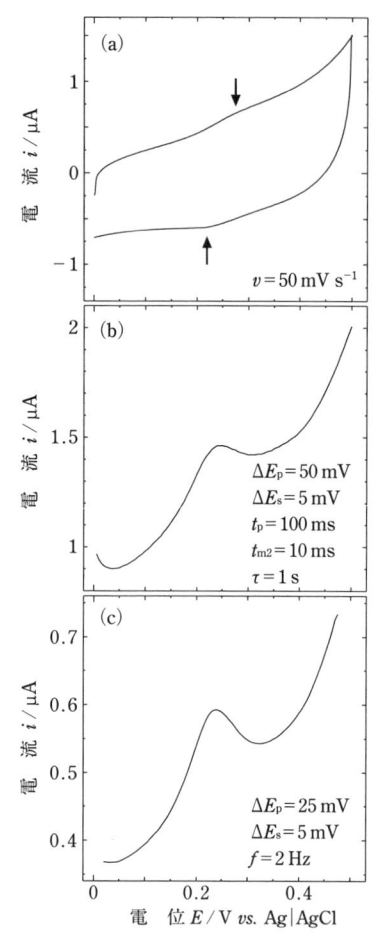

図 2.54 各種ボルタモグラムの比較
(a) サイクリックボルタモグラム (b) 微分パルスボルタモグラム (c) 方形波ボルタモグラム
10 μM $K_4[Fe(CN)_6]$ を含む 0.5 M Na_2SO_4 水溶液，白金ディスク電極（直径 2 mm）．

2.10 対流ボルタンメトリー ── 回転電極法

　一般に電極反応は，① 反応物質の電極表面への拡散，② 電極表面上での電荷移動，③ 生成物の電極表面からの逸散，の3過程を経て進み，そのうち遅い過程が電極反応速度($\propto$電流)を決める．回転ディスク電極(rotating disk electrode, RDE)法は，上記①と③の物質移動速度を制御する計測法で，②の電荷移動速度(電極活性)を定量的に解析したいとき役立つ．

2.10.1　回転ディスク電極(RDE)

a.　RDEの特徴

　RDEの構造を図2.55(a)に示す．ディスク(円盤)電極をテフロンやガラス管に埋め込み，電極と絶縁体が同一平面になるよう研磨する．電極と絶縁体は密着させ，電解液の漏れがないよう注意する．自作技術を習得するまでは市販品を使うほうがよい．自作するときは，ステンレスシャフトに同径のディスク電極を接着し，側面をテフロン熱収縮チューブでシールする．ディスク電極とポテンショスタットは，回転シャフトに接触した黒鉛ブラシを通じてつなぐ．ブラシが摩耗す

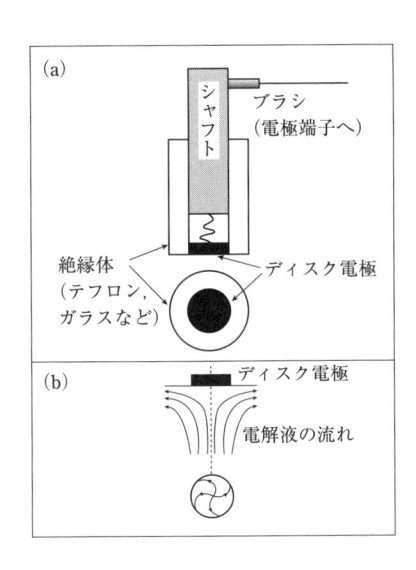

図2.55　回転ディスク電極の構造（a）と回転による電解液の流れ（b）

るとノイズがふえるので注意しよう．

電極を電解液に浸して回転させると，電極近傍の溶液は渦を描きながら電極平面に沿って動き，その分の電解液が電極面に垂直方向から供給される(図2.55(b))．こうして溶液内に生ずる対流は，回転数が大きいほど速く，その影響が電極の近くまで及ぶ結果，拡散層が薄くなって，拡散速度が速まる．すなわち，反応物や生成物の拡散速度を電極の回転数で制御できる．そのためには，高速回転でも振動しない回転電極装置を用いなければいけない．市販の装置にシャフトを組み込めば，500〜5000rpmの範囲で回転むらも振動もなく電極を回転できる．

静止電極を使う測定法，たとえばサイクリックボルタンメトリー(CV)では，物質の拡散と電荷移動を解析するのに電位走査速度 v を変える．かたや RDE では，電極近傍における物質の濃度勾配の時間変化を抑え，時間によらず一定電流値を実現できる．ある v 値(数十 $mV\ s^{-1}$ 程度)以下なら電流値は v によらず，正・負方向の走査でヒステリシスもほとんどない．RDEで得られるボルタモグラムを対流ボルタモグラム(hydrodynamic voltammogram)という．

b．必要な装置と器具

① ポテンショスタット，② ファンクションジェネレーター(FG)，③ X-Y レコーダー，④ 補助電極(Pt 巻線か Pt 板)，⑤ 基準電極，⑥ 回転ディスク電極(作用電極)，⑦ RDE用セル(市販品)，⑧ 回転電極装置(RDEの回転数制御)，⑨ ラボジャッキ．

このうち⑥〜⑧がRDEに特有な装置・器具となる．

2.10.2 実験方法

a．電子移動が速い系(可逆系)

可逆な反応として

$$[Fe(CN)_6]^{3-} + e^- \rightleftharpoons [Fe(CN)_6]^{4-} \tag{2.67}$$

をとりあげる．可逆系のRDE測定では，反応物の拡散係数 D，可逆半波電位 $E_{1/2}$，反応電子数 n が求められる．

b．実験の準備

(1) 電解液： 1 mM(M：mol dm^{-3}) $K_3[Fe(CN)_6]$を含む0.1 M K_2SO_4 水

溶液．反応物 $K_3[Fe(CN)_6]$ は高純度のものを用い，濃度を正確に調製する．

（2） 回転ディスク電極のセット：
① 電極表面をアルミナペーストで研磨し，純水でよく洗う．
② シャフトを回転電極装置のチャックに装着する．
③ 手でシャフトを回しながらぶれがないこと(数 μm 以内)をマイクロダイアルゲージで確認し，偏心しないよう締めつける．
④ モーターを回し，500〜5 000 rpm でぶれや異常音がないのを確かめる．

（3） RDE セル：
① 電解セル本体と Pt 補助電極を洗い，純水でよくすすぐ．少量の電解液ですすいだ後，所定位置まで電解液を入れる．
② 純水ですすいだ基準電極の銀-塩化銀電極(Ag｜AgCl)をセットする．
③ ラボジャッキをもち上げて RDE を溶液に浸す(図 2.56)．側面を熱収縮チューブで被覆した電極は理想的な円筒ではないため，電極表面だけが溶液と接し，溶液の流れを乱さないよう高さを調節する．RDE がセルの中心に来るのを確かめ，セルカバーをつける．
④ 窒素を吹き込んで溶存酸素を除く(20〜30 分)．測定開始前には窒素の流量を確認可能な最低値にしておく．

（4） ポテンショスタットと X-Y レコーダーの接続・設定： 電極やリード線を図 2.56 のようにつなぎ，基準電極の液絡部とディスク電極表面に気泡がな

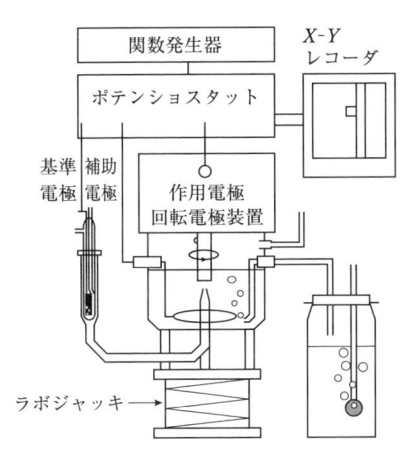

図 2.56 RDE 測定装置

いのを確かめる．

c．実験操作

自然電位が約 0.35 V 付近の安定な値なら，測定系が正しくセットされていることになる．

（1） 電極の電気化学的クリーニング：作用電極 (Au, Pt) 表面の吸着不純物は，下記の手順でおおよそ除く．
  ① FG のつまみを操作し，初期電位 0.4 V，低電位 −0.6 V，高電位 0.4 V，繰り返し走査モード，走査速度 1〜10 V s^{-1} とする．
  ② 高速走査では大電流が流れるため，電流レンジを 100 mA に設定し，約 10 秒間の電位走査をする．

（2） サイクリックボルタンメトリー，CV 曲線：
  ① FG のつまみを操作し，初期電位 0.4 V，低電位 −0.2 V，高電位 0.4 V，繰り返し走査モード，走査速度 100 mV s^{-1} とする．
  ② 初期電位を加え，電流が十分小さくなったら電位走査を始める．適切な電流レンジと X-Y レコーダーの感度を選んで CV 曲線を記録する．
  ③ 走査速度を 50, 20, 10 mV s^{-1} に変えて同様に測定する．

（3） CV の判定：得られた CV 曲線を図 2.57 の挿入図に示す．可逆系なら次の特徴をもつ．
  ① ピーク電位は走査速度によらない．
  ② アノードピーク電位とカソードピーク電位の差は 25°C で 59 mV$/n$（n は反応電子数，本実験では $n=1$）となる．
  ③ ピーク電流値は走査速度の平方根に比例する．

図 2.57 の CV 曲線は以上をほぼ満たすため，電極の表面状態や測定系は正常と考えてよい．電極が汚れている兆候が見えたら前述の電気化学クリーニングを繰り返す．それでもだめな場合は溶液を交換する．

（4） 対流ボルタモグラムの測定：
  ① 走査速度を 20 mV s^{-1} にする．ほかの設定は CV 測定の場合と同じ．
  ② 電極を回転させ（たとえば 500 rpm），定常回転となるのを確かめる．
  ③ CV 測定と同様な手順で負方向走査（0.4 V → −0.2 V）によりボルタモグラムを記録する．回転速度を変え（たとえば 500，700，1000，1500，2000，

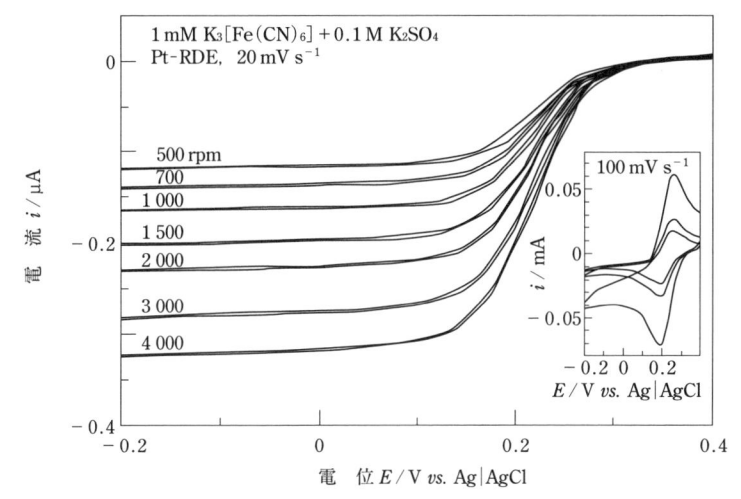

図 2.57　1mM $K_3[Fe(CN)_6]$ を含む 0.1M K_2SO_4 水溶液の Pt-RDE ($A=0.29\,cm^2$) 対流ボルタモグラム
挿入図：電極静止時の CV 曲線.

3000, 4000 rpm), 測定を繰り返す.

2.10.3　実験結果

得られた対流ボルタモグラムを図 2.57 に描いた. 十分にカソード分極すると (この場合 $E<0\,V$), 拡散限界電流 i_L (diffusion-limited current または limiting current) が観測される.

2.10.4　Q&A

Q:　拡散限界電流 i_L と回転速度 ω の関係は？

A:　i_L は次式 (Levich の式) に従い, 電極回転数の平方根に比例する.
$$i_L = 0.620\, nFAcD^{2/3}\nu^{-1/6}\omega^{1/2} \tag{2.68}$$

A は電極の幾何面積 (cm^2), c は反応物のバルク濃度 (正しくは活量. $mol\,cm^{-3}$), D は反応物の拡散係数 ($cm^2\,s^{-1}$), ν は溶液の動粘度 ($cm^2\,s^{-1}$) を表す. 回転角速度 ω ($rad\,s^{-1}$) は, 回転数 f (rpm) と $\omega = 2\pi f/60$ の関係にある.

i_L を $\omega^{1/2}$ に対してプロットすると, 図 2.58 のように原点を通る直線となる

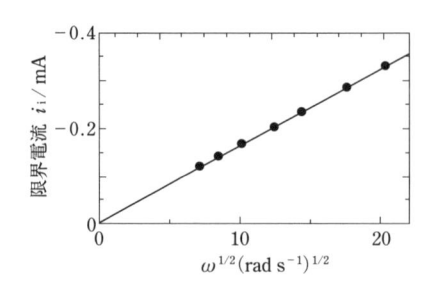

図 2.58 図 2.57 の限界電流の Levich プロット

(Levich プロット). 溶液の動粘度として 25°C の純水の値 $0.01\,\text{cm}^2\,\text{s}^{-1}$, 反応電子数 $n=1$, $c=10^{-6}\,(\text{mol}\,\text{cm}^{-3})$, $A=0.29\,\text{cm}^2$ などを式(2.68)に代入すると, 直線の傾きから $[\text{Fe}(\text{CN})_6]^{3-}$ の拡散係数 $D=8.6\times10^{-6}\,\text{cm}^2\,\text{s}^{-1}$ が求まる. なお, 先行または後続化学反応を伴うときは直線からずれる.

Q: 半波電位 $E_{1/2}$ と反応電子数 n はどのようにして求めるか?

A: 可逆系の電流 i と電位 E の関係は, カソード限界電流 i_Lc とアノード限界電流 i_La を用いて次のように表される.

$$E = E_{1/2} + (2.303\,RT/nF)\log[(i-i_\text{Lc})/(i_\text{La}-i)] \quad (2.69)$$

$$E_{1/2} = E^{\circ\prime} + (2.303\,RT/nF)\log[D_\text{R}/D_\text{O}]^{2/3} \quad (2.70)$$

D_O, D_R は, 反応 $\text{Ox} + n\text{e}^- \rightleftharpoons \text{Red}$ における酸化体 Ox と還元体 Red の拡散係数を表す, 本実験系で両者はほぼ等しいと見てよいため, $E_{1/2} \simeq E^\circ$ (式量電位)となる. 本実験では, 図 2.57 から $E_{1/2} = 0.22\,\text{V}$ vs. Ag|AgCl, および E 対 $\log[(i-i_\text{Lc})/(i_\text{La}-i)]$ プロットの傾きから $n=1$ とわかる.

Q: 電子移動が遅い系(非可逆系)にRDEを適用したら, どんな情報が得られるか?

A: 非可逆系の RDE 測定では活性化支配電流 i_k (kinetically-controlled current) が得られる. ここでは溶存酸素の還元

$$\text{O}_2 + 4\,\text{H}^+ + 4\,\text{e}^- \rightleftharpoons 2\,\text{H}_2\text{O}\ (4\,\text{電子還元}) \quad (2.71)$$

または $\text{O}_2 + 2\,\text{H}^+ + 2\,\text{e}^- \rightleftharpoons \text{H}_2\text{O}_2\ (2\,\text{電子還元}) \quad (2.72)$

を例にとりあげよう.

コラム　回転リングディスク電極（RRDE）

　回転電極で得られる情報に加え，反応機構に関する定量的知見も得たいとき，回転リングディスク電極（rotating ring-disk electrode, RRDE）を使う．ディスク電極の外側に，絶縁体の薄い層を隔てて同心円のリング電極をおく（図）．電極が回転すると，回転軸からリング電極に向かう放射状の液流が生まれる．リング電極の電位は，ディスク電極上で生じた反応中間体や生成物を酸化または還元できるように設定する．ディスク電位とリング電位を共通の基準電極に対して独立に制御するため，デュアルポテンショスタットを用いる．ディスク電流 i_D とリング電流 i_R は共通の補助電極との間に流れる．

　ディスク電極で生じた物質は，面積の小さいリング電極ですべて捕捉できるわけではない．$[Fe(CN)_6]^{3-/4-}$ のような可逆反応系における i_R と i_D の比を捕捉率 $N = |i_R/i_D|$ とよぶ．N の値は，回転数には関係せず，電極の形状（r_1, r_2, r_3）だけで決まる．

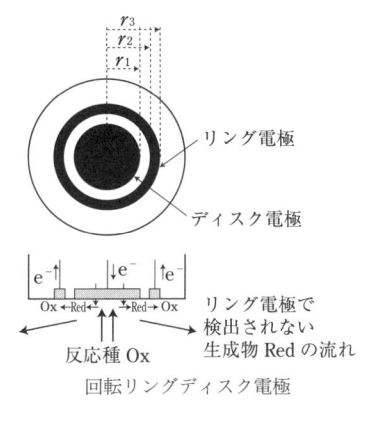

回転リングディスク電極

　$Pt_{50}Fe_{50}$ 合金-RDE で得た酸素還元の対流ボルタモグラムを図2.59(a)に示す（電解液は酸素飽和の 0.1 M $HClO_4$ 水溶液）．非可逆系では物質移動のほかに活性化過程の寄与が現れ，高回転域で Levich プロットが直線からずれる．つまり，回転数を上げて拡散が速くなった結果，拡散律速から徐々に電荷移動律速に移行していく．この場合，ある電位での電流 i は次式のように書ける．

$$1/i = 1/i_k + 1/0.620\,nFAcD^{2/3}\nu^{-1/6}\omega^{1/2} \tag{2.73}$$

式(2.73)をKoutecky-Levichの式という．右辺第一項のi_kは活性化支配電流で，回転数にはよらない．第2項は式(2.68)すなわち拡散限界電流i_Lの逆数である．図2.59(a)の一定電位で$1/i$と$\omega^{-1/2}$をプロットすると直線が得られ(図(b))，$\omega^{-1/2} \to 0 (\omega \to$無限大$)$の切片から$i_k$が求まる(Koutecky-Levichプロット)．電子移動が十分に速い可逆系ならこの切片がほぼゼロとなる．次式より速度定数kが求まる

$$i = nFAkc_0 \tag{2.74}$$

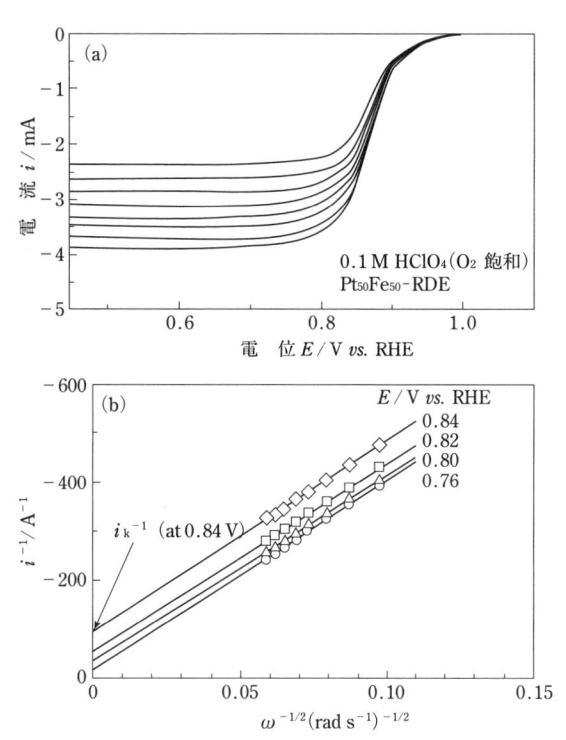

図 2.59 酸素飽和した 0.1 M HClO₄ 水溶液中の Pt₅₀Fe₅₀ 合金-RDE ($A=0.5\,\text{cm}^2$) の対流ボルタモグラム (走査速度 20 mV s⁻¹, 初期電位：高電位=1 V, 低電位=0.45 V, 基準電極は可逆水素電極 (RHE) 回転数は上から順に 1000, 1250, 1500, 1750, 2000, 2250, 2500, 2750 rpm, カソード走査のみ示す) (a) と Koutecky-Levich プロット (b)

2.11 対流ボルタンメトリー ―― チャネルフロー電極法

電極反応の解析に役立つ対流ボルタンメトリーには，前節コラムに紹介した回転リングディスク電極(RRDE)法のほか，チャネルフロー電極(channel flow double electrode, CFDE)法がある．CFDE法は金属の腐食反応の解析や電気分析に用いられてきた．

電極反応の解析に使う場合，CFDE法は次のような長所をもつ．
① チャネル内に層流の溶液を流すだけで反応物の拡散を制御できる．
② 安定な拡散層ができて短時間のうちに定常状態が達成され，測定の再現性がきわめてよい．
③ 試料極の下流においた検出電極で電極反応の吸着中間体や最終生成物を *in situ* 定量できる．

2.11.1 CFDEの設計条件と実験方法

a. CFDEの層流条件

固/液界面で進む電気化学反応の解析にCFDEを使うさいは，以下のような流体力学的制約がある．

図2.60のチャネル内を流れる溶液は，層流条件下ではPoiseuille流とよばれる流速分布をもつ．

$$V_x = V_0(1-y^2/b^2) \tag{2.75}$$

V_x, V_0 はそれぞれ溶液の流速と最大流速，b はチャネルの深さの半分，y, d

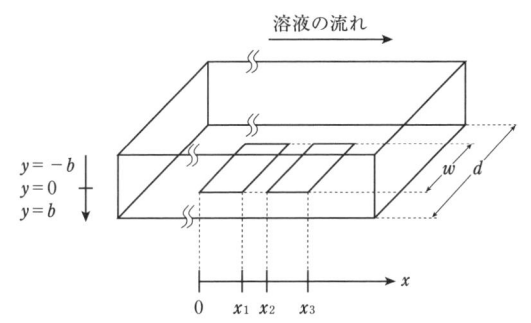

図 2.60 チャネルと電極の形状

はそれぞれ電極に対して垂直方向の距離と対流方向の電極の長さを表す．チャネル内を流れる流体は，式(2.76)のように定義されたレイノルズ数という無次元数で特徴づけられる（ν は溶液の動粘性係数）．

$$Re = V_0 b/\nu \tag{2.76}$$

レイノルズ数は 2 000～2 500 に臨界値 Re_{crit} をもち，$Re < Re_{crit}$ では層流，$Re > Re_{crit}$ では乱流となる．また，チャネル内に入ったあと Poiseuille 流が成長するには，チャネルの入口から電極までの距離が次式の値 l_e 以上でなければいけない．

$$l_e = 0.1\, b\, Re \tag{2.77}$$

セルは，式(2.76)，(2.77)のほか，次の条件を満たす必要がある．

① b の値は拡散層の厚さより十分に大きい．
② チャネル断面の長手方向の壁付近では Poiseuille 流が乱れるので，電極の幅 w に比べてチャネルの幅 d をずっと大きくする．

以上をまとめると，セルには以下のような制限がつく．

$$0.02\,\text{cm} < b < 0.1\,\text{cm} \tag{2.78}$$

$$5\,\text{cm} < l_e\ (V_m = 500\,\text{cm s}^{-1},\ b = 0.025\,\text{cm の場合}) \tag{2.79}$$

$$0.5\,\text{cm} < d\ (w = 0.4\,\text{cm の場合}) \tag{2.80}$$

V_m はチャネル内の溶液の平均流速を表す．$Re_{crit} = 2\,000$，$b = 0.025\,\text{cm}$，$\nu = 0.01\,\text{cm}^2\,\text{s}^{-1}$ なら，式(2.76)から溶液の流速は $V_m = 800\,\text{cm s}^{-1}$ となり，層流を実現するには次の条件を要する．

$$V_m < 800\,\text{cm s}^{-1} \tag{2.81}$$

以上の条件に従ってつくった CFDE セルの例を図 2.61 に示す．

b．水路装置

CFDE 用の水路装置のあらましを図 2.62 に描いた．測定用溶液は溶液溜めに入れ，測定前に適当なガスを流す．測定中は溶液がギアポンプにより水路を循環し，セルを通過後に流量計を通る．測定後の溶液はそのまま廃棄してもよい．

c．実験Ⅰ（拡散限界電流と捕捉率）

CFDE の形状を $x_1 = 1.0\,\text{mm}$，$x_2 = 1.05\,\text{mm}$，$x_3 = 2.025\,\text{mm}$，$w = 4\,\text{mm}$ とし，作用電極と検出電極にグラッシーカーボン，補助電極に白金，基準電極に飽和塩化

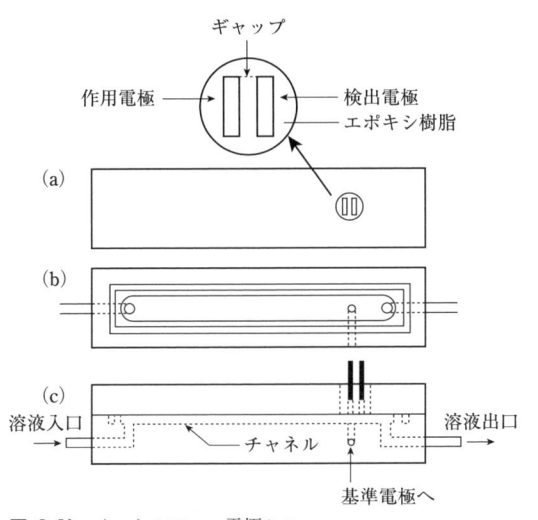

図 2.61 チャネルフロー電極セル
アクリル板 (a) に作用電極，検出電極を埋め，(b) にはチャネルを設ける．2 枚のアクリル板を合わせて，セル (c) ができる．

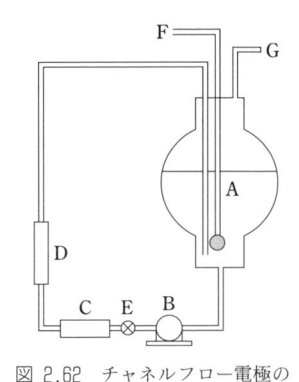

図 2.62 チャネルフロー電極の水路装置
A：溶液溜め，B：ケミカルギアポンプ，C：チャネルフロー電極セル，D：流量計，E：流量調整用バルブ，F：脱気用ガス入口，G：脱気用ガス出口．

銀-銀電極(Ag│AgCl)を使う．作用電極と検出電極は，2000 番までの研磨紙で研磨したあと，エタノールと 2 回蒸留水で洗う．

溶液は 1 mM (M：mol dm^{-3}) $K_3[Fe(CN)_6]$ を含む 0.25 M Na_2SO_4 溶液とし，NaOH で pH を 11 に調整しておく．測定前に窒素を吹き込んで溶存酸素を除く．

拡散限界電流の測定では，作用電極の電位を 0.3 V から負方向へ 2 mV s^{-1} で走査して電流をはかる．捕捉率 N の決定では，作用電極の電流を任意の値に，検出電極の電位を 1.2 V に設定し，作用電極で生成した $[Fe(CN)_6]^{4-}$ を以下の反応で酸化して電流を記録する．

$$[Fe(CN)_6]^{4-} \longrightarrow [Fe(CN)_6]^{3-} + e^- \tag{2.82}$$

d．実験II(銅のアノード溶解)

作用電極に純銅を用い，ほかの電極は実験Ⅰと同じにする．溶液には，いずれも 0.1 M の塩化ナトリウムを含む 0.5 M 過塩素酸と 0.5 M 過塩素酸ナトリウムを混合し pH を 1 に調整したものを使う．

セル内に電解液を流しつつ作用電極を −0.5 V に 5 分間保ち，空気中で生じていた表面酸化物を除いたあと，電位を正方向に 2 mV s^{-1} で走査して分極曲線をは

かる．なお，作用電極から溶出した1価と2価の銅イオンは，検出電極電位をそれぞれ 0.7 V と −0.2 V にして検出する．検出電極上ではそれぞれ以下の反応が進む．

$$Cu^+ \longrightarrow Cu^{2+} + e^- \tag{2.83}$$

$$Cu^{2+} + e^- \longrightarrow Cu^+ \tag{2.84}$$

Cu^+ と Cu^{2+} の生成量 v_{Cu^+}, $v_{Cu^{2+}}$ は次式で計算する．

$$v_{Cu^+} = i_c/FNA \tag{2.85}$$

$$v_{Cu^{2+}} = -i_c/FNA \tag{2.86}$$

A は作用電極の面積，i_c は検出電極の電流を表す．

2.11.2 実験結果

a. 拡散限界電流と捕捉率

CFDE に流れる拡散限界電流の理論式は Levich が導いた．

$$i_{lim} = 1.165\, nFw\, Dc^*(V_m\, x_1^2/Db)^{1/3} \tag{2.87}$$

c^* は反応種のバルク濃度で，また $V_m = (2/3)\,V_0$ の関係がある．上式は，CFDE の拡散限界電流が液体の平均流速 V_m の 1/3 乗に比例することを示す．次の還元反応で作用電極に流れる電流と流速の関係を図 2.63 に描いた．

$$[Fe(CN)_6]^{3-} + e^- \longrightarrow [Fe(CN)_6]^{4-} \tag{2.88}$$

どの流速でも 0.05 V より負の電位で限界電流となり，その値は流速とともにふえる．−0.3 V での拡散限界電流 i_{lim} を流速 V_m の 1/3 乗に対してプロットすれ

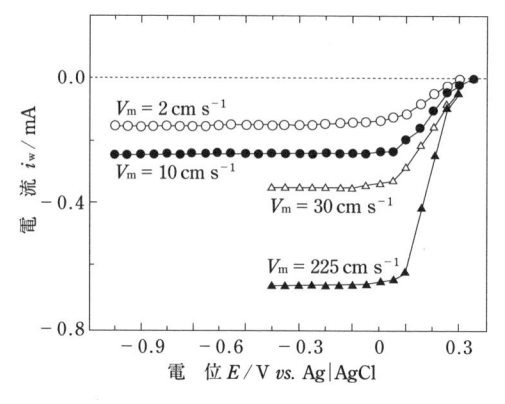

図 2.63 4 種類の流速 V_m で描いたボルタモグラム
溶液は 1 mM $K_3[Fe(CN)_6]$ を含む 0.25 M Na_2SO_4 (NaOH で pH を 11 に調整)

ば図2.64の直線となり，勾配から反応種のバルク濃度などが定量できる．

作用電極で生じた生成物を下流の検出電極で検出できるが，解析のさいは全溶解量に対する検出の割合(捕捉率)を知る必要がある．定常状態での理論捕捉率 N_{th} は次のように導かれている．

$$N_{th} = 1 - G(a/b) + b^{2/3}\{1 - G(a)\}$$
$$- (1+a+b)^{2/3}[1 - G\{(a/b)(1+a+b)\}]$$
$$G(z) = (3^{1/2}/4\pi)\ln\{(1+z^{1/3})^3/(1+z)\} \tag{2.89}$$
$$+ (3/2\pi)\arctan\{(2z^{1/3}-1)/3^{1/2}\} + 1/4$$
$$a = x_2/x_1 - 1, \quad b = x_3/x_1 - x_2/x_1$$

x_i は電極の形状を表すパラメーターである(図2.60)．式(2.89)でわかる通り，捕捉率 N は電極の形状 x_i だけで決まり，流速や流路の形にはよらない．

さまざまな流速ではかった作用電極の電流 i_w と検出電極の電流 i_c の関係を図2.65に示す．i_w と i_c は比例関係にあり流速には依存していない．また，図2.65の直線の傾きから次式で実験的捕捉率 N が求められる．

$$N = (n_w/n_c)(i_c/i_w) \tag{2.90}$$

n_w と n_c は，それぞれ作用電極と検出電極で進む反応の電子数($n_w = -1$, $n_c = 1$)を表す．図2.65から求まる捕捉率 N の実験値0.38は，式(2.89)による理論値0.39とほぼ一致する．

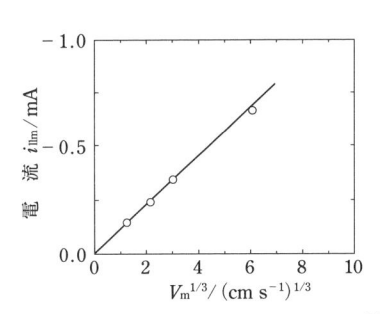

図2.64 図2.63の拡散限界電流 i_{lim} と $V_m^{1/3}$ の関係

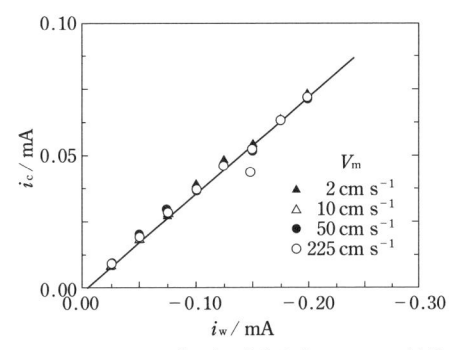

図2.65 1mM $K_3[Fe(CN)_6]$ を含む Na_2SO_4 溶液(pH 11)中における，作用電極上での還元電流と検出電極上での酸化電流の関係

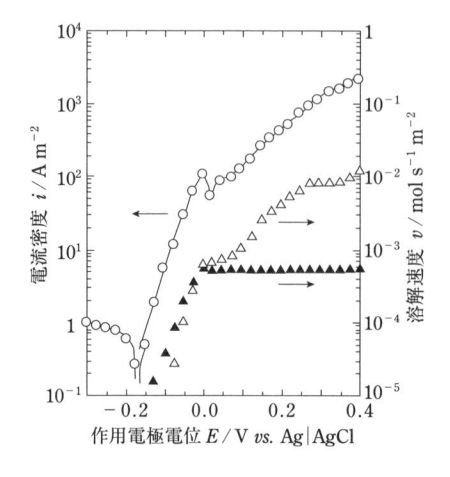

図 2.66 0.1 M NaCl を含む酸性溶液に浸した銅電極の電位-電流曲線(○)と Cu^+ の溶解速度(▲)および Cu^{2+} の溶解速度(△). 溶液の流速は $0.5\,\mathrm{m\,s^{-1}}$. 作用電極の電位は正方向に $2\,\mathrm{mV\,s^{-1}}$ で走査した.

b. 金属のアノード溶解機構の解析

塩化物イオンを含む pH 1 の酸性溶液に浸した鉄電極の電位-電流曲線を図 2.66 に示す. 腐食電位($-0.18\,\mathrm{V}$)より負の電位でカソード電流, 正の電位でアノード電流が流れ, それぞれ水素発生, 銅の溶出を表す. 同時にはかった検出電極の電流 i_c から式(2.85), (2.86)で求めた Cu^+ と Cu^{2+} の溶解速度(v_{Cu^+}, $v_{Cu^{2+}}$)も同じ図に示してある.

図 2.66 から, 銅の溶解はほぼ三つの電位域, つまり ① $-0.15 \sim 0.0\,\mathrm{V}$ のターフェル領域, ② $0.0 \sim 0.1\,\mathrm{V}$ の限界電流領域, ③ $0.1\,\mathrm{V}$ 以上の高アノード電流域, に分けられるとわかる. ①および②の電位域で Cu^+ と Cu^{2+} がともに生成しているのは, 溶出した Cu^+ の一部が不均化で Cu と Cu^{2+} になることを意味する. 電位域③では Cu^{2+} の溶出に伴って作用電極の電流が急増している. なお本測定では検出電極を一つしか使っていないため, Cu^+ と Cu^{2+} はべつべつの測定で定量した. 多成分を同時に検出するには複数の検出電極をおく.

2.11.3 Q&A

Q: CFDE が RRDE よりすぐれている点は?

A: CFDE の長所は以下のようにまとめられる.
① 溶液を流しながら測定するため, 測定後の溶液を循環させなければ, 電極

表面がいつも新しい溶液に接する．
② 回転電極の接点(ブラシ接触)がないので，ノイズが小さく，微小電流がはかれる．
③ セルや水路装置の構造が単純で自作もむずかしくない．

参 考 書

電気化学会編,"電気化学便覧 第5版",丸善 (2000).
日本化学会編,"改訂4版 化学便覧 基礎編",丸善 (1993).
藤嶋 昭,相澤益男,井上 徹,"電気化学測定法 上・下",技報堂出版 (1984).
逢坂哲彌,小山 昇,大坂武男,"電気化学法・基礎測定マニュアル／応用測定マニュアル",講談社サイエンティフィク (1989).
松田好晴,岩倉千秋,"化学教科書シリーズ．電気化学概論",丸善 (1994).
渡辺 正,中林誠一郎,"電子移動の化学",朝倉書店 (1996).
玉虫伶太,高橋勝緒,"エッセンシャル電気化学",東京化学同人 (2000).
大堺利行,加納健司,桑畑 進,"ベーシック電気化学",化学同人 (2000).
小久見善八,"電気化学",オーム社 (2000).
渡辺 正,金村聖志,益田秀樹,渡辺正義,"基礎化学コース．電気化学",丸善 (2001).
A. J. Bard, L. R. Faulkner, "Electrochemical Methods", 2nd ed., John Wiley & Sons (2001).

付録1　単位と物理定数

七つのSI基本単位

物理量	名称	記号
長さ	メートル	m
質量	キログラム	kg
時間	秒	s
電流	アンペア	A
温度	ケルビン	K
物質量	モル	mol
光度	カンデラ	cd

特別な名称をもつ組立単位の例

物理量	名称	記号	表現
力	ニュートン	N	$\mathrm{m\ kg\ s^{-2}}$
圧力	パスカル	Pa	$\mathrm{N\ m^{-2}=J\ m^{-3}}$
エネルギー	ジュール	J	$\mathrm{N\ m}$
仕事率	ワット	W	$\mathrm{J\ s^{-1}}$
電荷	クーロン	C	$\mathrm{A\ s}$
電位(差)	ボルト	V	$\mathrm{J\ C^{-1}}$
電気抵抗	オーム	Ω	$\mathrm{V\ A^{-1}}$
静電容量	ファラド	F	$\mathrm{C\ V^{-1}}$

単位につける接頭語

倍数	名称	記号
10^{18}	エクサ	E
10^{15}	ペタ	P
10^{12}	テラ	T
10^{9}	ギガ	G
10^{6}	メガ	M
10^{3}	キロ	k
10^{2}	ヘクト	h
10	デカ	da
10^{-1}	デシ	d
10^{-2}	センチ	c
10^{-3}	ミリ	m
10^{-6}	マイクロ	μ
10^{-9}	ナノ	n
10^{-12}	ピコ	p
10^{-15}	フェムト	f
10^{-18}	アト	a

物理定数

物理量	記号	数値
真空中の光速度	c	$2.9979 \times 10^{8}\ \mathrm{m\ s^{-1}}$
真空の誘電率	ε_0	$8.8542 \times 10^{-12}\ \mathrm{F\ m^{-1}}$
プランク定数	h	$6.6261 \times 10^{-34}\ \mathrm{J\ s}$
電子の静止質量	m_e	$9.1094 \times 10^{-31}\ \mathrm{kg}$
陽子の静止質量	m_p	$1.6726 \times 10^{-27}\ \mathrm{kg}$
電荷素量	q	$1.6022 \times 10^{-19}\ \mathrm{C}$
ボーア半径	a_0	$5.2918 \times 10^{-11}\ \mathrm{m}$
アボガドロ定数	N_A	$6.0221 \times 10^{23}\ \mathrm{mol^{-1}}$
ファラデー定数	F	$9.6485 \times 10^{4}\ \mathrm{C\ mol^{-1}}$
気体定数	R	$8.3145\ \mathrm{J\ K^{-1}\ mol^{-1}}$
ボルツマン定数	k	$1.3807 \times 10^{-23}\ \mathrm{J\ K^{-1}}$
(数学定数)		
円周率	π	3.14159
自然対数の底	e	2.71828
10の自然対数	$\ln 10$	2.30259

単位の換算

長さ	$1\ \text{Å} = 0.1\ \mathrm{nm} = 10^{-8}\ \mathrm{cm} = 10^{-10}\ \mathrm{m}$
体積	$1\ \mathrm{L} = 1\ \mathrm{dm^3} = 10^{3}\ \mathrm{cm^3} = 10^{-3}\ \mathrm{m^3}$
圧力	$1\ \mathrm{atm} = 101\,325\ \mathrm{Pa} = 1\,013.25\ \mathrm{hPa} = 760\ \mathrm{mmHg(Torr)} \fallingdotseq 0.1\ \mathrm{MPa}$
質量	$1\ \mathrm{t} = 10^{3}\ \mathrm{kg} = 10^{6}\ \mathrm{g} = 1\ \mathrm{Mg}$
温度	$T/\mathrm{K} = t/\mathrm{°C} + 273.15$
エネルギー	$1\ \mathrm{cal} = 4.184\ \mathrm{J},\ \ 1\ \mathrm{eV} = 1.6022 \times 10^{-19}\ \mathrm{J} = 96\,485\ \mathrm{J\ mol^{-1}}$

付録2 標準電極電位 $E°$ (V vs. SHE)

M^{n+}/M 系

反応	$E°$
$Li^+ + e^- = Li$	-3.04
$K^+ + e^- = K$	-2.925
$Rb^+ + e^- = Rb$	-2.924
$Ba^{2+} + 2e^- = Ba$	-2.92
$Sr^{2+} + 2e^- = Sr$	-2.89
$Ca^{2+} + 2e^- = Ca$	-2.84
$Na^+ + e^- = Na$	-2.714
$Mg^{2+} + 2e^- = Mg$	-2.356
$Al^{3+} + 3e^- = Al$	-1.676
$U^{3+} + 3e^- = U$	-1.66
$Ti^{2+} + 2e^- = Ti$	-1.63
$Zr^{4+} + 4e^- = Zr$	-1.55
$Mn^{2+} + 2e^- = Mn$	-1.18
$Zn^{2+} + 2e^- = Zn$	-0.763
$Cr^{3+} + 3e^- = Cr$	-0.74
$Fe^{2+} + 2e^- = Fe$	-0.44
$Cd^{2+} + 2e^- = Cd$	-0.403
$Co^{2+} + 2e^- = Co$	-0.277
$Ni^{2+} + 2e^- = Ni$	-0.257
$Sn^{2+} + 2e^- = Sn$	-0.138
$Pb^{2+} + 2e^- = Pb$	-0.126
$2H^+ + 2e^- = H_2$	0.0000
$Cu^{2+} + 2e^- = Cu$	0.337
$Cu^+ + e^- = Cu$	0.520
$Hg_2^{2+} + 2e^- = 2Hg$	0.796
$Ag^+ + e^- = Ag$	0.799
$Hg^{2+} + 2e^- = Hg$	0.85
$Pt^{2+} + 2e^- = Pt$	1.188
$Au^{3+} + 3e^- = Au$	1.52
$Au^+ + e^- = Au$	1.83

M^{n+}/M^{m+} (単イオン)系

反応	$E°$
$Cr^{3+} + e^- = Cr^{2+}$	-0.424
$V^{3+} + e^- = V^{2+}$	-0.255
$Sn^{4+} + 2e^- = Sn^{2+}$	0.15
$Cu^{2+} + e^- = Cu^+$	0.159
$Fe^{3+} + e^- = Fe^{2+}$	0.771
$2Hg^{2+} + 2e^- = Hg_2^{2+}$	0.911
$Mn^{3+} + e^- = Mn^{2+}$	1.51
$Ce^{4+} + e^- = Ce^{3+}$	1.71
$Ag^{2+} + e^- = Ag^+$	1.980

M^{n+}/M^{m+} (錯イオン)系

反応	$E°$
$[Ag(CN)_2]^- + e^- = Ag + 2CN^-$	-0.31
$[Ag(S_2O_3)_2]^{3-} + e^- = Ag + 2S_2O_3^{2-}$	-0.017
$[Fe(CN)_6]^{3-} + e^- = [Fe(CN)_6]^{4-}$	0.361
$[Ag(NH_3)_2]^+ + e^- = Ag + 2NH_3$	0.373
$[Co(NH_3)_6]^{3+} + e^- = [Co(NH_3)_6]^{2+}$	0.058
$[Ru(NH_3)_6]^{3+} + e^- = [Ru(NH_3)_6]^{2+}$	0.10
$[IrCl_6]^{2-} + e^- = [IrCl_6]^{3-}$	0.867

X_2/X^- 系

反応	$E°$
$S + 2e^- = S^{2-}$	-0.447
$Br_2(aq) + 2e^- = 2Br^-$	1.087
$Cl_2(g) + 2e^- = 2Cl^-$	1.358
$Cl_2(aq) + 2e^- = 2Cl^-$	1.396
$F_2 + 2e^- = 2F^-$	2.87
$I_3^- + 2e^- = 3I^-$	0.536

MX/M 系

反応	$E°$
$CdS + 2e^- = Cd + S^{2-}$	-1.225
$FeS + 2e^- = Fe + S^{2-}$	-0.969
$PbS + 2e^- = Pb + S^{2-}$	-0.954
$Cu_2S + 2e^- = 2Cu + S^{2-}$	-0.898
$Fe(OH)_2 + 2e^- = Fe + 2OH^-$	-0.891
$Ag_2S + 2e^- = 2Ag + S^{2-}$	-0.691
$Fe(OH)_3 + e^- = Fe(OH)_2 + OH^-$	-0.556
$PbI_2 + 2e^- = Pb + 2I^-$	-0.365
$PbSO_4 + 2e^- = Pb + SO_4^{2-}$	-0.351
$PbCl_2 + 2e^- = Pb + 2Cl^-$	-0.268
$CuI + e^- = Cu + I^-$	-0.182
$AgI + e^- = Ag + I^-$	-0.152
$AgCN + e^- = Ag + CN^-$	-0.017
$CuBr + e^- = Cu + Br^-$	0.033
$AgBr + e^- = Ag + Br^-$	0.071
$AgSCN + e^- = Ag + SCN^-$	0.090

$CuCl + e^- = Cu + Cl^-$	0.121
$AgCl + e^- = Ag + Cl^-$	0.222
$Hg_2Cl_2 + 2e^- = 2Hg + 2Cl^-$	0.268
$Ag_2CrO_4 + 2e^- = 2Ag + CrO_4^{2-}$	0.449
$Cu_2O + 2H^+ + 2e^- = 2Cu + H_2O$	0.472
$CuO + 2H^+ + 2e^- = Cu + H_2O$	0.557
$PtO + 2H^+ + 2e^- = Pt + H_2O$	0.980
$Zn(OH)_2 + 2e^- = Zn + 2OH^-$	-1.246
$Ag_2O + H_2O + 2e^- = 2Ag + 2OH^-$	0.342

無機物その他

$O_2 + e^- = O_2^-(aq)$	-0.284
$N_2 + 6H^+ + 6e^- = 2NH_3(aq)$	-0.092
$S + 2H^+ + 2e^- = H_2S(g)$	0.174
$O_2 + 2H^+ + 2e^- = H_2O_2$	0.695
$NO_3^- + 2H^+ + 2e^- = NO_2^- + H_2O$	0.835
$NO_3^- + 4H^+ + 3e^- = NO + 2H_2O$	0.957
$ClO_4^- + 2H^+ + 2e^- = ClO_3^- + H_2O$	1.201
$O_2 + 4H^+ + 4e^- = 2H_2O$	1.229
$MnO_2 + 4H^+ + 2e^- = Mn^{2+} + 2H_2O$	1.23
$Cr_2O_7^{2-} + 14H^+ + 6e^- = 2Cr^{3+} + 7H_2O$	1.36
$MnO_4^- + 8H^+ + 5e^- = Mn^{2+} + 4H_2O$	1.51
$2HClO(aq) + 2H^+ + 2e^- = Cl_2(g) + 2H_2O$	1.630

$PbO_2 + SO_4^{2-} + 4H^+ + 2e^- = PbSO_4 + 2H_2O$	1.698
$H_2O_2 + 2H^+ + 2e^- = 2H_2O$	1.763
$S_2O_8^{2-} + 2e^- = 2SO_4^{2-}$	1.96
$O_3 + 2H^+ + 2e^- = O_2 + H_2O$	2.705
$F_2 + 2H^+ + 2e^- = 2HF$	3.053
$NiO_2 + 2H_2O + 2e^- = Ni(OH)_2 + 2OH^-$	0.490
$2AgO + H_2O + 2e^- = Ag_2O + 2OH^-$	0.604
$OH + e^- = OH^-$	1.985

有機物

$2CO_2 + 2H^+ + 2e^- = H_2C_2O_4(aq)$	-0.475
$CO_2 + 2H^+ + 2e^- = HCOOH(aq)$	-0.199
$HCOOH(aq) + 2H^+ + 2e^- = HCHO(aq) + H_2O$	0.034
$H_2CO_3(aq) + 6H^+ + 6e^- = CH_3OH(aq) + 2H_2O$	0.044
$CO_3^{2-} + 6H^+ + 4e^- = HCHO(aq) + 2H_2O$	0.197
$CO_3^{2-} + 8H^+ + 6e^- = CH_3OH(aq) + 2H_2O$	0.209
$CO_3^{2-} + 3H^+ + 2e^- = HCOO^- + H_2O$	0.311
$2CO_3^{2-} + 4H^+ + 2e^- = C_2O_4^{2-} + 2H_2O$	0.478
$CH_3OH(aq) + 2H^+ + 2e^- = CH_4 + H_2O$	0.588

索　引

あ

IR ドロップ　　33, 50, 72
i-E 曲線　　68
アクセプター数　　34, 35
アスコルビン酸の酸化反応　　85
アノード　　8, 21
アノード溶解　　140
　　銅の――　　137
p-アミノフェノールの酸化反応　　86
RRDE ⇨ 回転リングディスク電極
RDE ⇨ 回転ディスク電極
Anson プロット　　110

い

EIS ⇨ 電気化学的インピーダンス分光法
イオン強度　　62
ECE 反応　　86
EC メカニズム　　84
一室型セル　　32
移動係数　　80, 121
因果性　　101
陰　極　　8, 21
インピーダンス
　　――測定　　101
　　拡散の――　　100

え

泳動電流　　36
液間電位　　33
液間電位差　　33
液　絡　　48
Ag｜AgCl ⇨ 銀-塩化銀電極
SHE ⇨ 標準電極電位
SCE ⇨ 飽和カロメル電極
SWV ⇨ 方形波ボルタンメトリー
X-Y レコーダー　　38, 129

NHE ⇨ 標準電極電位
NPV ⇨ ノーマルパルスボルタンメトリー
FRA ⇨ 周波数応答解析器
エレクトロメーター　　58
塩　橋　　33, 48

お

遅れ時間　　96
温　度　　48

か

開回路　　13
開回路電位　　39
回転ディスク電極　　127, 129
　　――セル　　129
　　――測定装置　　129
回転電流法　　127
回転リングディスク電極　　133
Koutecky-Levich の式　　134
Koutecky-Levich プロット　　134
可逆系　　81
可逆性　　76, 81
可逆反応　　79
可逆半波電位　　79, 123, 128
拡散過程　　67
拡散係数　　107, 118, 128, 132
拡散形態　　92
拡散限界電流　　70, 131, 136, 138
拡散層　　70, 77
拡散のインピーダンス　　100
拡散律速　　67, 69
カソード　　8, 9, 21
活性化支配電流　　132
過電圧　　14
ガルバノスタット　　15, 18, 19
還元電流ピーク　　75
還元反応　　30

148　索引

き

貴金属電極　23
基準電極　13, 15, 26, 27, 30, 46
非水溶液系　27
起電力　14
吸着　88, 114
局部アノード　11
局部カソード　11
局部電池　11
銀-塩化銀電極　27, 28, 29

く

グラッシーカーボン　24
クロノアンペロメトリー　102
クロノクーロメトリー　110, 112
クロノポテンショグラム　116
クロノポテンショメトリー　115
クーロメトリー　110

け

限界電流値　93
限界ファラデー電流　106

こ

交換電流密度　71
後続反応　84
交流インピーダンス法　95, 101
固体電解質　16
コットレルの式　106
コットレルプロット　106
Cole-Cole プロット　98
混成系　70
混成電位　57

さ

サイクリックボルタモグラム ⇨ CV 曲線
サイクリックボルタンメトリー　37, 40, 74
さび　10
作用電極　15, 21, 25, 45, 46, 116
　　――の面積規制　46
酸化還元種　47
酸化電流　42
酸化電流ピーク　75

酸化反応　30
　　アスコルビン酸の――　85
　　p-アミノフェノールの――　86
酸化物電極　23
参照電極　13
酸素　48
酸素過電圧　23
三電極系　14, 15, 21
三電極セル　63
サンドの式　118

し

CE メカニズム　84
CFDE ⇨ チャネルフロー電極法
式量酸化還元電位　79
式量速度定数　81
支持塩　16
支持電解質　16, 35, 36, 47, 62
自然電位　39, 71
CV ⇨ サイクリックボルタンメトリー
CV 曲線　25, 41, 74, 126, 131
CV 測定　40
CV 法　74
四分波電位　117, 118
試薬　34
修飾電極　23
充電電流　43
　　電気二重層の――　120
充電反応
　　ダニエル電池の――　9
周波数応答解析器　95
充放電
　　電気二重層の――　103
準可逆過程　80
準可逆系　81
準可逆反応　80
照合電極　13
振動　48

す

水銀-酸化水銀電極　30
水銀電極　23
水銀-硫酸水銀(Ⅰ)電極　30
水素過電圧　22
水素電極　30

索引　149

水素電極尺度　27
スイッチ類
　　ポテンショスタットの——　18
水路装置　136

せ

正帰還補償　34
正　極　8, 9
セ　ル　51, 58
遷移時間　117
線形拡散　93
線形性　101
先行反応　84

そ

双極子モーメント　34, 35
速度定数　119, 121, 134
存在量　89

た

対　極　15
対称因子　71
対流ボルタモグラム　128, 131
対流ボルタンメトリー　135
多重走査法　82
ダニエル電池　7
　　——の充電反応　9
　　——の放電反応　9
ターフェル外挿法　69
ターフェル勾配　69
ターフェルの式　68
ターフェルプロット　65
端子類
　　ポテンショスタットの——　18
炭素電極　23
単分子層反応　24
対流ボルタンメトリー　127

ち

チャネルフロー電極セル　137
チャネルフロー電極法　135, 140

て

定常分極曲線　63
定電位電解　114

定電流電解　114
DPV ⇨ 微量パルスボルタンメトリー
定　量　118, 123, 124, 125, 140
鉄の腐食　10
電圧降下　33
電　位　9
電位-時間曲線　116
電位ステップ　104
電位ステップ法　102
電位制御　45
電位走査　77
電位窓　22, 34
電解液　16, 47
電解質　16
電解セル　32, 38, 116
電荷移動過程　67
電荷移動係数　119
電荷移動抵抗　97, 99
電荷移動反応　75
電荷移動律速　67, 68
電気化学的インピーダンス分光法　95
電気化学的活性量　89
電気化学的クリーニング　131
電気化学的前処理　24
電気二重層　4, 104
　　——の充電電流　120
　　——の充放電　103
電気二重層容量　97, 99
電気分解　3, 6, 10
電　極　38, 47
電極電位　13, 57
電極前処理　24
電子供与性　34
電子授受　5
電子受容性　34
電子メディエーション　87
電子メディエーター　87
電　池　7, 10
電流制御　45
電流-電位曲線　63
電量滴定法　110

と

等価回路　97, 99
動作電極　15

銅のアノード溶解　137
透明電極　23, 24
特殊形態電極　23
ドナー数　34, 35

な

ナイキストプロット　97

に

Nicholson 法　84
二室型セル　33
二電極系電解セル　103

ね

ネルンストの式　59
ネルンストプロット　59

の

ノイズ　51
ノイズフィルター　49
ノーマルパルスボルタンメトリー　122, 123

は

白金電極　30, 31
バックグラウンド測定　43, 49
バトラー-ボルマーの式　71
パルスボルタンメトリー　121, 125
半導体電極　23
反応電子数　110, 128, 132
半波電位　123, 132
半無限一次元拡散　93

ひ

非可逆系　81
非可逆反応　80
ピーク電位差　84
ピーク電流値　82
微小電極　93
非水溶媒　35
非ファラデー電流　43, 44, 82
非プロトン性有機溶媒　23
非プロトン性溶媒　35
非分極性　26
微分パルスボルタモグラム　126

微分パルスボルタンメトリー　122, 123
非補償溶液抵抗　33
比誘電率　34, 35
標準化学ポテンシャル　60, 61
標準ギブズエネルギー変化　60
標準状態　13
標準水素電極　13, 27, 28, 57
標準電極電位　13, 27, 28, 39, 60

ふ

ファラデー電流　42, 44
ファンクションジェネレーター　19
不可逆　119
負極　8
腐食　10
腐食系　70, 71
腐食速度　68
腐食電位　65, 68
腐食電流密度　68
物質移動　75
不変性　101
プロトン性溶媒　35
分極曲線　63, 65

へ

平衡系　70
平衡電位　57
平板拡散　93, 106
ヘルムホルツ層　72
ヘンリー基準　61

ほ

Poiseuille 流　136
方形波ボルタモグラム　126
方形波ボルタンメトリー　122, 125
放電反応
　　ダニエル電池の——　9
飽和カロメル電極　29, 30
補助電極　15, 30, 46
捕捉率　133, 136, 139
Bode プロット　97
ポテンシャルステップ法　102
ポテンショスタット　15, 17, 38, 45, 58, 129
　　——の選び方　20

——のスイッチ類　18
　　——の端子類　18
ポーラスアルミナ　12
ポーラログラフィー　92
ボルタモグラムの形　92

む

無関係電解質　62
無限希釈基準　61
無電解めっき　11

め

めっき　5, 11

よ

溶液抵抗　33, 97, 99
溶液バルク　67
陽極　8, 21

溶存酸素　48
溶媒　34, 35

り

理想分極性電極　22
リニアスイープボルタンメトリー　74

る

ルギン細管　33

れ

レイノルズ数　136
レコーダー　38, 45
Levich の式　131
Levich プロット　132

わ

ワールブルグインピーダンス　100

電気化学測定マニュアル 基礎編

平成14年 4 月 5 日　発　　　行
令和 7 年 1 月15日　第18刷発行

編　者　公益社団法人 電気化学会

発行者　池　田　和　博

発行所　丸善出版株式会社
〒101-0051　東京都千代田区神田神保町二丁目17番
編集・電話(03)3512-3261／FAX(03)3512-3272
営業・電話(03)3512-3256／FAX(03)3512-3270
https://www.maruzen-publishing.co.jp

© 公益社団法人 電気化学会，2002

組版・有限会社 悠朋舎／印刷・中央印刷株式会社
製本・株式会社 松岳社

ISBN 978-4-621-07026-0 C 3043　　　　Printed in Japan

JCOPY 〈(一社)出版者著作権管理機構 委託出版物〉

本書の無断複写は著作権法上での例外を除き禁じられています．複写される場合は，そのつど事前に，(一社)出版者著作権管理機構(電話03-5244-5088, FAX 03-5244-5089, e-mail : info@jcopy.or.jp)の許諾を得てください．